Algorithmen, Zufall, Unsicherheit – und Pizza!

Florian Heinrichs

Algorithmen, Zufall, Unsicherheit – und Pizza!

Wie Mathematik uns hilft, alltägliche Entscheidungen zu treffen

Florian Heinrichs
Professor für Data Science und Statistik Fachbereich
Medizintechnik und Technomathematik
FH Aachen – University of Applied Sciences
Jülich, Deutschland

ISBN 978-3-662-69171-7   ISBN 978-3-662-69172-4 (eBook)
https://doi.org/10.1007/978-3-662-69172-4

Die Deutsche Nationalbibliothek verzeichnet diese Publikation in der Deutschen Nationalbibliografie; detaillierte bibliografische Daten sind im Internet über https://portal.dnb.de abrufbar.

© Der/die Herausgeber bzw. der/die Autor(en), exklusiv lizenziert an Springer-Verlag GmbH, DE, ein Teil von Springer Nature 2024

Das Werk einschließlich aller seiner Teile ist urheberrechtlich geschützt. Jede Verwertung, die nicht ausdrücklich vom Urheberrechtsgesetz zugelassen ist, bedarf der vorherigen Zustimmung des Verlags. Das gilt insbesondere für Vervielfältigungen, Bearbeitungen, Übersetzungen, Mikroverfilmungen und die Einspeicherung und Verarbeitung in elektronischen Systemen.
Die Wiedergabe von allgemein beschreibenden Bezeichnungen, Marken, Unternehmensnamen etc. in diesem Werk bedeutet nicht, dass diese frei durch jedermann benutzt werden dürfen. Die Berechtigung zur Benutzung unterliegt, auch ohne gesonderten Hinweis hierzu, den Regeln des Markenrechts. Die Rechte des jeweiligen Zeicheninhabers sind zu beachten.
Der Verlag, die Autoren und die Herausgeber gehen davon aus, dass die Angaben und Informationen in diesem Werk zum Zeitpunkt der Veröffentlichung vollständig und korrekt sind. Weder der Verlag noch die Autoren oder die Herausgeber übernehmen, ausdrücklich oder implizit, Gewähr für den Inhalt des Werkes, etwaige Fehler oder Äußerungen. Der Verlag bleibt im Hinblick auf geografische Zuordnungen und Gebietsbezeichnungen in veröffentlichten Karten und Institutionsadressen neutral.

Planung/Lektorat: Iris Ruhmann
Springer ist ein Imprint der eingetragenen Gesellschaft Springer-Verlag GmbH, DE und ist ein Teil von Springer Nature.
Die Anschrift der Gesellschaft ist: Heidelberger Platz 3, 14197 Berlin, Germany

Wenn Sie dieses Produkt entsorgen, geben Sie das Papier bitte zum Recycling.

Für Klaus Heinrichs

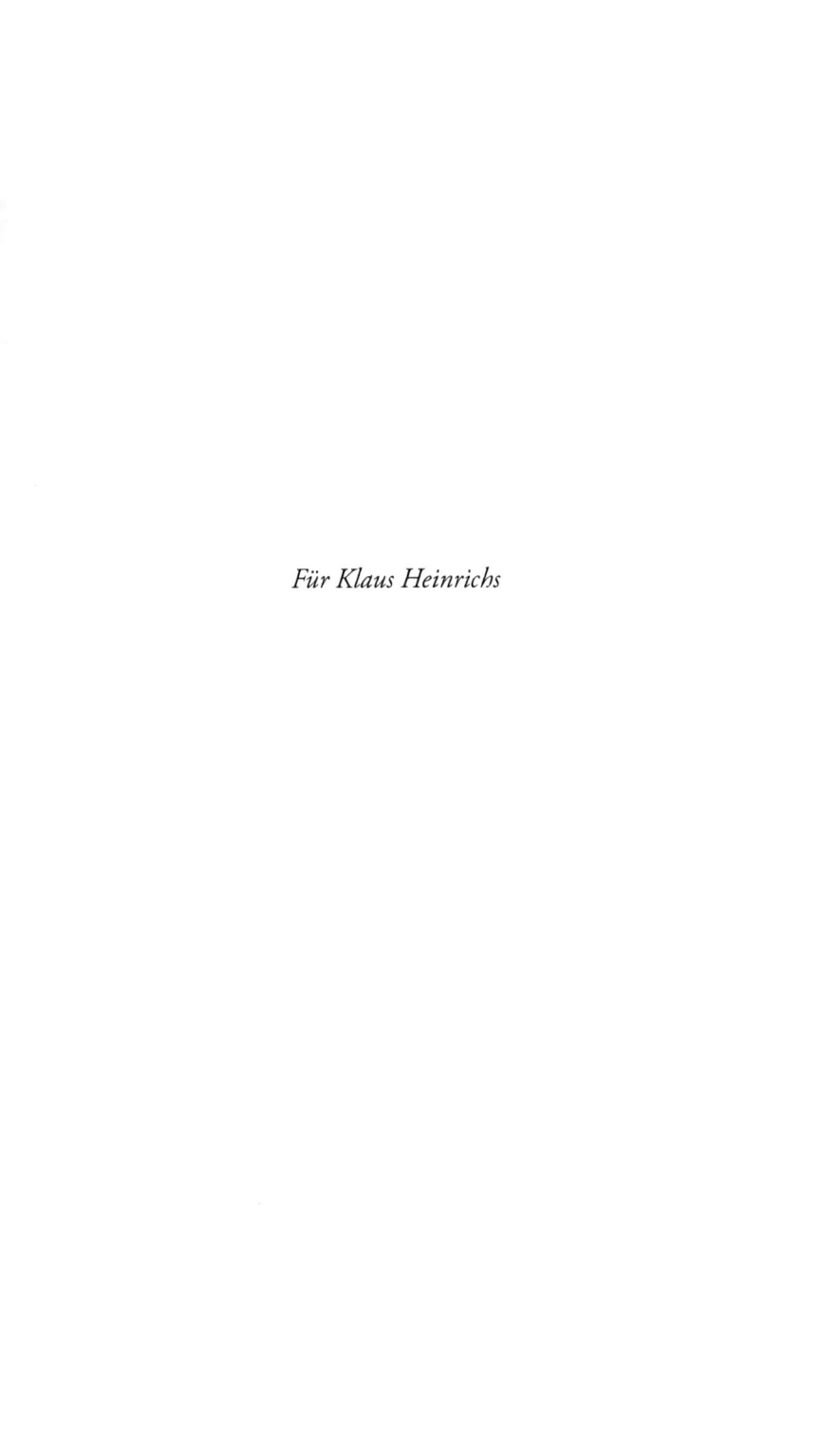

Dank

Dieses Buch wäre nicht entstanden ohne die Hilfe und Unterstützung unzähliger Personen. Meine alltäglichen Erfahrungen mit der Mathematik sind die Basis dieses Buches. Die Erfahrungen sind jedoch untrennbar verknüpft mit Menschen – insbesondere meinen Eltern, Brüdern, Freunden und Lehrern. Es ist unmöglich, all diejenigen zu erwähnen, die einen impliziten Einfluss auf dieses Buch hatten. Trotzdem möchte ich es versuchen und mich speziell bei denjenigen bedanken, deren Unterstützung in den letzten Jahren dieses Buch maßgeblich beeinflusst hat.

Mein Dank gilt Holger Dette, meinem Doktorvater, der mich vom ersten Semester meines Studiums bis zum Ende meiner Promotion begleitet hat. Von ihm durfte ich vieles lernen, das ich heute über die Mathematik, Zufall und Wahrscheinlichkeiten weiß. Durch ihn bin ich zur Zeitreihenanalyse gekommen, die meinen Blick auf die Welt geprägt hat.

Weiter möchte ich mich bei Axel Bücher bedanken, mit dem ich zum Ende meines Studiums und während der Promotion eng zusammenarbeiten durfte. Ich konnte fachlich und menschlich viel von ihm lernen – von statistischen Methoden bis zu speziellen Klettertechniken. Seine Konsequenz und Prinzipientreue haben mich immer beeindruckt.

Besonders geprägt haben mich auch der fachliche (und weniger fachliche) Austausch mit Josua Gösmann, Kevin Klinkenborg, Rafael Kurek, Daniel Meißner und Martin Dunsche. Viele Erkenntnisse aus unseren Gesprächen an der Universität und beim Sport sind in dieses Buch eingeflossen.

Die Fertigstellung des Buches war ein langer Prozess. Camilla Szymanski hat mich dabei immer wieder angespornt und motiviert, weiter zu schreiben und das Ziel nicht aus den Augen zu verlieren.

Außerdem danke ich Iris Ruhmann, die dem Konzept dieses Buches von Anfang an offen gegenüberstand und mit ihrem professionellen und hilfreichen Feedback geholfen hat, aus einem unfertigen Manuskript ein (hoffentlich) unterhaltsames Buch zu machen. Mein Dank gilt auch Bettina Saglio, die das Buch als Projektmanagerin betreut hat.

Als Letztes möchte ich mich besonders bei meiner Frau Stephanie bedanken, die mich von der ersten Idee bis zur Veröffentlichung des Buches unterstützt und mir die Freiräume geschaffen hat, die es mir erlaubten, an diesem und anderen Projekten zu arbeiten. Sie hat die ersten Entwürfe des Manuskriptes gelesen und durch ihr Feedback maßgeblich verbessert. Ohne ihr unendliches Verständnis und ihre kontinuierliche Unterstützung wäre die Erstellung dieses Buches kaum möglich gewesen. Vielen Dank!

Inhaltsverzeichnis

Einleitung 1

Algorithmen: Die Grundidee der systematischen Herangehensweise 3
Ordnung in der Plattensammlung –
Sortieralgorithmen 8
Schnelle Suche für schnelle Forschung –
Suchalgorithmen........................... 16
It's a (perfect) Match – Stabile Matchings 21

Optimierungsalgorithmen: Fundierte Entscheidungen treffen 29
Die kürzeste Strecke finden – Wegoptimierung 31
Eine Wanderung durch die Berge – Optimierung
stetiger Funktionen 38

Zufall und Wahrscheinlichkeiten: Unsicherheit modellieren 47
Glücksspiele und Casinos – Wahrscheinlichkeiten ... 48
Quantifizierung des Zufalls – Erwartungswerte 57
Risikobewertung und zufällige Schwankungen –
Varianz 64

Wie viele Getränke brauchen wir? – Schätzer und
Konfidenzbereiche 69
Welche Mannschaft ist besser? – Hypothesentests ... 77
Wann ist das Benzin günstig? – Regression und
Zeitreihenanalyse 86
Aberglaube und Warenkörbe – Korrelation und
Kausalität 92
Verspätung und extreme Ereignisse –
Ausreißerdetektion 100
Veränderungen und Flugverkehr –
Strukturbruchanalyse 108

**Algorithmen und Zufall: Optimale
Entscheidungen treffen trotz unsicherer
Umstände**................................. 115
Verhandlungen und Parkplatzsuche – Optimal
Stopping 121
Sicherheit und Fußballfans – Klassifikatoren 130
Der Fluch der Dimensionalität –
Dimensionsreduktion 139
Sitzpläne und Sightseeing – Clustering 148
Suche nach dem besten Film – Recommender
Systems 155
Pizzerien und Entscheidungen – Reinforcement
Learning 158
Trainingspläne und Filmvorschläge – Q-Learning ... 164
Vorlesungen und Rundreisen – Evolutionäre
Algorithmen 170

Epilog: Ein Tag ohne Mathematik 177

Glossar 179

Literatur 187

Einleitung

In meiner Lieblingspizzeria kostet eine große Pizza Margherita 6 €, bei einem Durchmesser von 30 cm. Wer besonders viel Hunger hat, kann auf „Angebot 3" zurückgreifen: ein Pizzablech der Größe 40 cm × 60 cm für 24 €.

In der Schule lernen wir, die Flächen von Vierecken und Kreisen zu berechnen, und können so herausfinden, welche Option günstiger ist: ein Pizzablech oder vier Pizzen? Tatsächlich kosten vier Pizzen genauso viel wie ein Pizzablech, haben jedoch die größere Fläche. Daher ist das „Angebot" letztlich teurer als die einzelnen Pizzen.

Offensichtlich ist Schulmathematik im Alltag nützlich, doch sie wird oft schlecht motiviert. Statt die Größe von Pizzen zu vergleichen, geht es in der Schule häufig um Fragen wie „Wie groß ist eine Wiese, die 4 m lang und 6 m breit ist?" oder „Welche Fläche kann mit einem 20 m langen Zaun höchstens abgesperrt werden?".

Durch irrelevante Beispiele entsteht eine Lücke zwischen Mathematik und Alltag, durch die viele Menschen ihr Interesse an der Mathematik verlieren. Doch die Bedeutung der

Mathematik nimmt immer weiter zu. Sie steckt in Technologien, die wir täglich nutzen. Wenn Unternehmen wie Google oder Amazon neue Rekordumsätze erwirtschaften, heißt es in den Nachrichten oft, Daten seien das neue Gold. Doch Daten sind für Tech-Konzerne nur deswegen wertvoll, weil sie mit Hilfe mathematischer Methoden effizient ausgewertet werden können.

Um Technologien und Entwicklungen verstehen zu können, die unsere moderne Gesellschaft beeinflussen, benötigen wir ein intuitives Verständnis einiger grundlegender mathematischer Ideen. In diesem Buch geht es um diese Grundlagen, vor allem aber um ihre praktische Anwendung und Konzepte, die sich im Alltag nutzen lassen.

So kann die Mathematik nicht nur genutzt werden, um die Flächen verschiedener Pizzen zu berechnen, sondern auch dabei helfen, viel relevantere Fragen zu beantworten:

- Bei welcher Pizzeria sollten wir bestellen? Und welche Pizza?
- Ab welcher Entfernung von unserem Ziel sollten wir nach einem Parkplatz suchen? Ab wann sollten wir auf dem nächsten freien Platz parken?
- Was ist der kürzeste Weg zum neuen Arbeitsplatz?
- Wie viele Getränke brauchen wir für eine Party?

Das Ziel dieses Buches ist aufzuzeigen, dass ein Alltag ohne Mathematik kaum vorstellbar ist, wo sie uns begegnet, wo wir (oft unbewusst) täglich mathematische Ideen benutzen und wie wir mit Hilfe von Mathematik bessere Entscheidungen treffen können.

Algorithmen: Die Grundidee der systematischen Herangehensweise

Einer der ersten – und nach wie vor besten – Filme, die ich im Kino gesehen habe, ist *Star Wars: Episode I – Die dunkle Bedrohung*. Schon als Kind fand ich die aufwendigen Kampfszenen mit ihren Spezialeffekten beeindruckend. Besonders faszinierte mich die *Droidenarmee*, eine Armee von Kampfrobotern, die glücklicherweise kurz vor einer verheerenden Schlacht gestoppt werden konnte. Doch auch in anderen dystopischen Science-Fiction-Filmen tauchen immer wieder Roboter auf, die erst die Menschheit versklaven (Terminator) und sie dann wieder befreien wollen (Terminator 2), wobei diese Roboter von Algorithmen gesteuert werden.

Inspiriert von Hollywood-Blockbustern entstehen Nachrichtenartikel und wissenschaftliche Arbeiten mit Titeln wie *Angriff der Algorithmen* [1], *Algorithmen: Wie und warum sie Menschen diskriminieren,* [2] oder *Diskriminierungsrisiken von Algorithmen* [3].

Diese Titel suggerieren, dass Algorithmen eine Form von Bewusstsein haben, Entscheidungen treffen, danach handeln und letztlich auch verantwortlich für ihr Handeln gemacht werden können. In den letzten Jahren hat sich der Begriff *Algorithmus* zu einem Schlagwort entwickelt, das in allen möglichen Situationen genutzt wird – insbesondere dann, wenn Entscheidungsträger aus Politik und Wirtschaft die Verantwortung für Fehler und menschliches Versagen auf *den Algorithmus* abwälzen wollen. Doch was steckt hinter diesem Schlagwort? Was sind Algorithmen? Stehen wir kurz vor der Unterwerfung der Menschheit durch menschenähnliche Roboter?

Ein Algorithmus ist eine endliche Folge von Schritten zum Lösen eines Problems [4]. Die *Schritte* des Algorithmus beschreiben präzise Handlungsanweisungen und sind bei jeder Ausführung des Algorithmus dieselben. Dabei ist es wichtig, dass der Algorithmus nur aus endlich vielen Schritten besteht, damit er irgendwann endet bzw. *terminiert* und nicht für immer weiterläuft.

Mit dieser allgemeinen Definition ist es leicht zu sehen, dass uns Algorithmen auch außerhalb von Computern und Smartphones häufig im Alltag begegnen. Kochrezepte, Wegbeschreibungen und Bedienungsanleitungen sind klassische Beispiele für Algorithmen. Wenn ein Fahrschüler die unterschiedlichen Schritte erlernt, um ein Auto zu starten und in Bewegung zu setzen, erlernt er einen Algorithmus. In der ersten Zeit wird er jeden dieser Schritte bewusst durchführen, bis der Algorithmus irgendwann in sein Unterbewusstsein übergegangen ist. Bauanleitungen für Möbelstücke sind ebenso Algorithmen wie Pflegeanleitungen für Pflanzen.

Durch die Beispiele wird klar, weshalb Algorithmen terminieren sollten. Ein Kochrezept, das aus unendlich vielen Schritten besteht, ist ebenso wenig praktisch wie eine Wegbeschreibung, mit der wir das Ziel niemals erreichen. Außerdem erwarten wir ein bestimmtes Resultat. Wenn wir beispielsweise zum Backen ein Rezept für einen Streuselkuchen nutzen und bei einem Mal einen Apfelkuchen und beim anderen Mal einen Schokoladenkuchen bekommen, wäre das Rezept nicht dafür geeignet, unser Ziel zu erreichen, einen Streuselkuchen zu backen, weil die Handlungsanweisungen nicht präzise genug sind.

Algorithmen sind nicht neu. So waren Algorithmen, wie das Sieb des Eratosthenes oder der euklidische Algorithmus, schon im antiken Griechenland bekannt – wenngleich nicht unter diesen Bezeichnungen. Im 19. und 20. Jahrhundert formalisierten Mathematiker den bis dahin nur informell definierten Algorithmus basierend auf einer theoretischen Konstruktion, der Turing-Maschine, die maßgeblich zur Entwicklung von modernen Computern beitrug [5].

Häufig werden Algorithmen im *Pseudocode* dargestellt. Pseudocode ist eine Mischung aus natürlicher Sprache und Programmcode, der durch seine einfache Struktur gut dazu geeignet ist, auch komplizierte Algorithmen übersichtlich darzustellen. Algorithmen 1 und 2 sind jeweils Beispiele für einen terminierenden und einen nichtterminierenden Algorithmus in Pseudocode. Im ersten Schritt initialisiert Algorithmus 1 die *Variable x* mit dem Wert 0 („setze x gleich 0"). Die nächsten beiden Schritte bilden eine sogenannte *Schleife*. Solange die Bedingung aus Schritt 2 erfüllt ist, wird der Befehl in Schritt 3 ausgeführt. In diesem Fall wird also x schrittweise um 1 erhöht, bis es einen bestimmten Wert annimmt – in diesem Beispiel den Wert 10. Die Bedingung der Schleife ist durch die Struktur „Solange …, wiederhole:" gekennzeichnet und der Hauptteil (in Zeile 3) dadurch, dass er eingerückt ist. Algorithmus 2 hat eine ähnliche Struktur, jedoch wird hier der Schritt in Zeile 3 unendlich oft wiederholt, da in Zeile 2 keine Abbruchbedingung definiert wird, sodass der Algorithmus nicht endet.

Algorithmus 1 Beispiel für einen Algorithmus in Pseudocode. Der Algorithmus beginnt bei 0 und zählt bis 10. Dabei wird der Wert von *x* in jedem Schritt um 1 erhöht

```
1. Setze x gleich 0
2. Solange x kleiner oder gleich 10 ist,
   wiederhole:
3. Erhöhe den Wert von x um 1
```

Algorithmus 2 Beispiel für einen Algorithmus, der nicht terminiert. Wie Algorithmus 1 beginnt er bei 0 und erhöht *x* in jedem Schritt um 1 – ohne jemals zu enden

```
1. Setze x gleich 0
2. Wiederhole:
3. Erhöhe den Wert von x um 1
```

Neben den Handlungsanweisungen haben Algorithmen häufig eine Ein- und Ausgabe, also Komponenten, die dem Algorithmus vor Beginn mitgeteilt werden müssen (Eingabe), und Ergebnisse, die aus dem Algorithmus resultieren (Ausgabe). Mit Hilfe eines Kochrezepts (Algorithmus), können Sie aus Zutaten (Eingabe) eine Speise (Ausgabe) zubereiten. Ein alltagsnahes, nützliches Beispiel für Pseudocode ist ein Rezept für Crêpes (wie in Algorithmus 3). Der Hauptteil der Schleife in Algorithmus 3 besteht aus drei Schritten, die wiederholt werden, bis der Teig leer ist.

Algorithmus 3 Beispiel für ein Backrezept zur Zubereitung von Crêpes im Pseudocode. Schritte 1 und 2 werden nur einmal durchgeführt, wohingegen die Schritte 4 bis 6 durchgeführt werden, solange die Bedingung in Schritt 3 erfüllt ist

```
Eingabe: 2 Eier, 250 g Mehl, 500 ml Milch, 1 Prise Salz
Ausgabe: Crêpes
1. Mische die Zutaten zu einem Teig
2. Erhitze eine Pfanne auf mittlerer Stufe
3. Solange Teig vorhanden, wiederhole:
4. Gib so viel Teig in die Pfanne, bis der
   Boden bedeckt ist
5. Wende den Crêpe, sobald der Teig
   ausreichend fest ist
6. Serviere den fertigen Crêpe
```

Offensichtlich treffen Algorithmen nicht selbständig Entscheidungen oder wählen bewusst aus unterschiedlichen Handlungsalternativen. Daher ist es mehr als fragwürdig, wenn die Verantwortung für negative Konsequenzen, wie Diskriminierung oder Manipulation von Menschen, die aus dem Einsatz von Algorithmen resultieren, auf ebendiese abgewälzt wird. Die Verantwortung liegt bei den Entwicklern und Anwendern von Algorithmen. Natürlich ist dies dem Autor der eingangs erwähnten Studie, die die Antidiskriminierungsstelle des Bundes mit „Diskriminierungsrisiken von Algorithmen" bewirbt, bekannt. Die Studie trägt den Titel „Diskriminierungsrisiken durch Verwendung von Algorithmen" [6]. Durch das Weglassen der Worte „durch Verwendung" bei der Veröffentlichung der Studie hat die Antidiskriminierungsstelle die Aussage des Titels verändert.

In diesem Kapitel werden wir uns mit wichtigen Algorithmen beschäftigen, die uns im Alltag begegnen – vom Sortieren der Plattensammlung über die Suche eines Buches bis zum Finden der optimalen Arbeitsstelle.

Das Wichtigste in Kürze
- Ein Algorithmus ist eine endliche Folge von Schritten zum Lösen eines Problems.
- Algorithmen treffen keine bewussten Entscheidungen – die Verantwortung liegt bei den Entwicklern und Anwendern der Algorithmen.
- Beispiele für Algorithmen sind Kochrezepte, Wegbeschreibungen und Bedienungsanleitungen.

Ordnung in der Plattensammlung – Sortieralgorithmen

Seit einigen Jahren erfreuen sich Boxen mit der Aufschrift „zu verschenken" in meiner Nachbarschaft immer größerer Beliebtheit. Die Idee ist simpel: Dinge, die nicht mehr gebraucht werden, die allerdings zu gut zum Wegwerfen sind, können in die Kiste gelegt werden und so einen neuen Besitzer finden, der eine Verwendung für die Gegenstände hat. Bei einem Spaziergang fand ich den originalverpackten Soundtrack von Django Unchained als Doppelalbum in einer dieser Boxen und konnte als leidenschaftlicher Plattensammler der Versuchung nicht widerstehen. Als ich die Schallplatte in meine Sammlung einsortieren wollte, musste ich feststellen, dass die restlichen Platten durch mehrere Umzüge völlig durchmischt waren. Es war also an der Zeit, die gesamte Plattensammlung zu sortieren.

Ähnliche Probleme wie das Sortieren einer Plattensammlung begegnen uns beim Sortieren von Büchern, Kleidung oder Werkzeugen. So unterschiedlich wie die Anwendungsfelder können auch die Kriterien sein, nach denen wir sortieren. Schraubenschlüssel oder Schuhe können Sie beispielsweise nach ihrer Größe sortieren, Gewürze im Regal nach der Häufigkeit ihrer Nutzung und Schallplatten nach Interpreten. Selbstverständlich können Sie Gegenstände anhand unterschiedlicher Kriterien sortieren. Eine Büchersammlung könnten Sie zum Beispiel alphabetisch nach Autor, thematisch oder farblich sortieren. Wichtig ist nur, dass die Ordnung eindeutig ist – so muss zum Beispiel die Reihenfolge der Farben vor dem Sortieren klar sein. Doch wie können Sie in all diesen Szenarien möglichst effizient Ordnung schaffen? Ein Ansatz zum effizienten Sortieren sind sogenannte *Sortieralgorithmen*. Damit diese Algorithmen unabhängig von dem konkreten Anwendungsfall benutzt werden können, machen sie Gebrauch von dem abstrakten Begriff einer *Liste*, die sortiert werden soll. Je nach Anwendung kann die zu sortierende Liste beispielsweise eine Menge von Büchern oder eine Plattensammlung sein.

Ein intuitiver Sortieralgorithmus ist der *Bubblesort*-Algoritmus, dessen Pseudocode Sie in Algorithmus 4 finden [7]. Wenn Sie beispielsweise Schallplatten von Die Toten Hosen (DTH), Nirvana (NIR), Manu Chao (MAN) und Django Unchained (DJA), kurz DTH – NIR – MAN – DJA, alphabetisch sortieren möchten, können Sie die Schallplatten jeweils von links nach rechts vergleichen und die Ordnung von benachbarten Platten korrigieren – wie in Abb. 1:

a) DTH kommt vor NIR und die Platten bleiben in dieser Reihenfolge:
   DTH – NIR – MAN – DJA
b) NIR kommt nach MAN und die beiden Platten werden getauscht:
   DTH – MAN – NIR – DJA (1. Wechsel in Abb. 1)
c) NIR kommt nach DJA und die beiden Platten werden getauscht:
   DTH – MAN – DJA – NIR (2. Wechsel in Abb. 1)

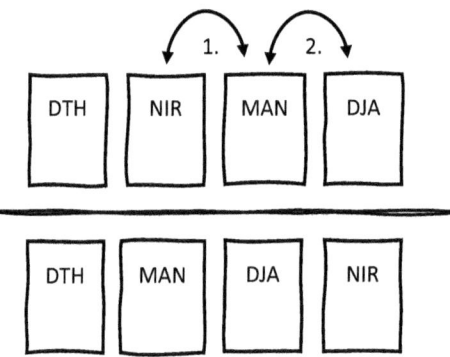

Abb. 1 Alphabetisches Sortieren einer Plattensammlung – Vergleich von je zwei benachbarten Schallplatten

---

Algorithmus 4 Pseudocode vom Bubblesort-Algorithmus zum Sortieren einer Liste mit n Objekten

Eingabe: Unsortierte Liste mit n Objekten X_1, X_2, X_3, ..., X_n
Ausgabe: Sortierte Liste
1. Wiederhole $(n - 1)$ - mal:
2. Für jedes i von 1 bis $n - 1$:
3. Vergleiche das Objekt X_i mit seinem Nachbarn X_{i+1}, falls X_i größer als X_{i+1} ist:
4. Tausche X_i und X_{i+1}

Nach diesem Durchlauf (oder *Iteration*) sind die Platten schon etwas besser sortiert (NIR ist die letzte), aber noch nicht in der richtigen Reihenfolge. Nach zwei weiteren Iterationen befindet sich die Liste in der richtigen Reihenfolge – wie in Abb. 2:

a) DTH kommt vor MAN und die Platten bleiben in dieser Reihenfolge: DTH – MAN – DJA – NIR

Algorithmen 11

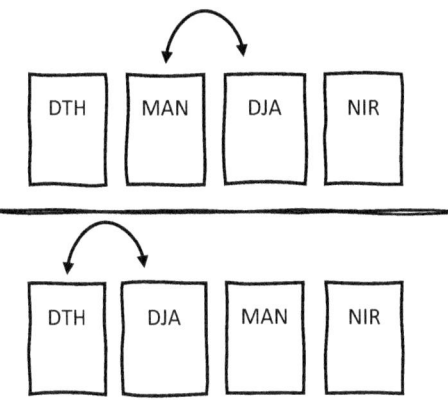

Abb. 2 Sortieren einer Plattensammlung – Iterationen 2 und 3

b) MAN kommt nach DJA und die beiden Platten werden getauscht:
DTH – DJA – MAN – NIR (Abb. 2, oben)
c) MAN kommt vor NIR und die Platten bleiben in dieser Reihenfolge: DTH – DJA – MAN – NIR
d) DTH kommt nach DJA und die beiden Platten werden getauscht:
DJA – DTH – MAN – NIR (Abb. 2, unten)
e) DTH kommt vor MAN und die Platten bleiben in dieser Reihenfolge: DJA – DTH – MAN – NIR
f) MAN kommt vor NIR und die Platten bleiben in dieser Reihenfolge: DJA – DTH – MAN – NIR

Nach drei Iterationen haben Sie die Platten alphabetisch sortiert. Die Anzahl der Durchläufe ist kein Zufall, denn beim Bubblesort wird immer maximal eine Iteration weniger benötigt als die Anzahl der Objekte, die sortiert werden sollen – in diesem Beispiel also *3 (= 4 – 1)* und im Allgemeinen *n* - 1 bei *n* Objekten. Der Name des Algorithmus leitet sich von der Tatsache ab, dass die „größten" Elemente ans Ende der Liste wandern – wie aufsteigende Luftblasen im Wasser.

Schon bei diesem kleinen Beispiel, dem Sortieren von vier Schallplatten, wird offensichtlich, dass der Bubblesort-Algorithmus nicht besonders effizient und bei größeren Mengen von Objekten ungeeignet ist. Bei 4 Objekten müssen wir insgesamt 9 (= 3·3) Vergleiche durchführen, bei 8 Objekten schon 49 (= 7·7). Eine effizientere Alternative bietet der *Mergesort*-Algorithmus, dessen Pseudocode in Algorithmus 5 steht [4]. Der Name Mergesort leitet sich von *merge* ab (engl. für *vereinigen*) und basiert auf der Idee, dass die ursprüngliche Menge in zwei Mengen geteilt wird, die einzelnen Mengen sortiert und anschließend wieder zusammengefügt werden.

Algorithmus 5 Pseudocode vom Mergesort-Algorithmus zum Sortieren einer Liste mit n Objekten

```
Mergesort
Eingabe: Unsortierte Liste mit n Objekten X₁,
X₂, X₃, …, Xₙ
Ausgabe: Sortierte Liste
1. Falls die Liste nur ein Element beinhaltet:
2. Gib die Liste zurück
3. Andernfalls:
4. Teile die Liste in zwei gleich große
   Listen auf:
   Liste₁, Liste₂
5. Wende Mergesort jeweils auf Liste₁ und
   Liste₂ an
6. Füge die Listen zusammen: Merge(Liste₁
   und Liste₂)
7. Gib die zusammengefügte Liste zurück
```

Mit derselben Ordnung wie oben (DTH – NIR – MAN – DJA) teilt der Mergesort-Algorithmus diese Menge (bzw. Liste) zunächst auf in die zwei Mengen (bzw. Listen) DTH – NIR und MAN – DJA. Auf diese zwei kürzeren

Listen wird nun wiederum der Mergesort-Algorithmus angewandt, was als *Rekursion* bezeichnet wird, und bedeutet, dass sich der Algorithmus (rekursiv) selbst aufruft. Die Liste MAN – DJA wird nun in die Listen MAN und DJA aufgeteilt. Da beide Listen nur noch aus einem Element bestehen, sind sie bereits sortiert und können nun mit dem *Merge*-Algorithmus (vgl. Algorithmus 6) zusammengefügt werden zu DJA – MAN. Analog wird die Liste DTH – NIR in die Listen DTH und NIR aufgeteilt, die zusammengefügt werden zu DTH – NIR. Die sortierten Listen DTH – NIR und DJA – MAN können nun mit Merge zu einer Liste kombiniert werden:

a) Beginn:
   `Liste`$_0$: –,
   `Liste`$_1$: DTH – NIR,
   `Liste`$_2$: DJA – MAN
b) Vergleich der ersten Elemente von `Liste`$_1$ und `Liste`$_2$: DJA kommt vor DTH, also:
   `Liste`$_0$: DJA,
   `Liste`$_1$: DTH – NIR,
   `Liste`$_2$: MAN
c) Vergleich der ersten Elemente von `Liste`$_1$ und `Liste`$_2$: DTH kommt vor MAN, also:
   `Liste`$_0$: DJA – DTH,
   `Liste`$_1$: NIR,
   `Liste`$_2$: MAN
d) Vergleich der ersten Elemente von `Liste`$_1$ und `Liste`$_2$: MAN kommt vor NIR, also:
   `Liste`$_0$: DJA – DTH – MAN,
   `Liste`$_1$: NIR,
   `Liste`$_2$: –
e) Da `Liste`$_2$ nun leer ist, wird `Liste`$_1$ an `Liste`$_0$ angehängt
f) `Liste`$_0$: DJA – DTH – MAN – NIR wird zurückgegeben

Nach dem letzten Schritt sind die Schallplatten nun sortiert. Auf den ersten Blick wirkt der Mergesort-Algorithmus komplizierter als der Bubblesort-Algorithmus. Bei genauerem Hinschauen ist er allerdings deutlich intuitiver, da er große Mengen in kleinere Teilmengen unterteilt und das Sortierproblem so vereinfacht. Wenn meine Plattensammlung 128 statt 4 Schallplatten beinhaltet, werde ich nicht mehrmals benachbarte Platten umsortieren, sondern die gesamte Sammlung in zwei Teile unterteilen und die Teile sortieren, ggf. indem ich sie weiter unterteile, und anschließend wieder zusammenfügen. Es lässt sich zeigen, dass Mergesort – im Gegensatz zu den 16.129 (= 127·127) Vergleichen des Bubblesort – maximal 769 Vergleiche benötigt. Wenn jeder Vergleich zwischen zwei Schallplatten etwa eine Sekunde dauert, würde das Sortieren von 128 Schallplatten mit Bubblesort etwa 4 h dauern, mit Mergesort wäre die Plattensammlung in weniger als 15 min sortiert.

Algorithmus 6 Pseudocode des Hilfsalgorithmus Merge zum Verbinden zweier sortierter Listen

```
Merge
Eingabe: Zwei sortierte Listen (Liste₁
und Liste₂)
Ausgabe: Eine zusammengefügte, sortierte Liste
1. Erstelle eine leere Liste₀
2. Solange beide Listen (Liste₁ und Liste₂)
   nicht leer sind:
3. Vergleiche jeweils das erste Element der
   beiden Listen
4. Füge das kleinere Element Liste₀ hinzu und
   entferne es aus der ursprünglichen Liste
5. Sobald eine Liste leer ist, füge die andere
   Liste₀ hinzu
6. Gib Liste₀ zurück
```

Neben den beiden vorgestellten Sortieralgorithmen gibt es unzählige andere Algorithmen, die sich auch beliebig kombinieren lassen. In praktischen Tests (beim mehrfachen Sortieren und Umsortieren meiner Plattensammlung) hat sich gezeigt, dass der intuitivere Ansatz, die Sammlung in kleinere Teile von etwa 5 bis 10 Schallplatten zu unterteilen und diese direkt zu sortieren, den Mergesort-Algorithmus schlägt und noch schneller ist.

Sortieralgorithmen können uns in einer Vielzahl von Situationen helfen. Beispielsweise lässt sich Kleidung in einem Kleiderschrank mit ihrer Hilfe leichter farblich ordnen. Um den Wocheneinkauf möglichst kurz zu halten und mehr Zeit für die schöneren Dinge des Lebens zu haben, können Sortieralgorithmen genutzt werden, um Artikel auf einer Einkaufsliste nach ihrer Position im Laden zu sortieren. So sind Obst und Gemüse häufig im Eingangsbereich, Getränke in der Nähe der Kassen und Backzutaten und Milchprodukte irgendwo dazwischen. Falls auf Ihrer Einkaufsliste Mineralwasser, Äpfel, Käse und Zucker stehen, können Sie Bubble- oder Mergesort dazu benutzen, die Einkäufe in die richtige Reihenfolge zu bringen, also Äpfel, Zucker, Käse und Mineralwasser, falls Backzutaten vor den Milchprodukten kommen – andernfalls Äpfel, Käse, Zucker und Mineralwasser. Diese Sortierung basiert auf der Annahme, dass die Produkte im Supermarkt bereits in Warengruppen eingeteilt und nicht zufällig zusammengewürfelt wurden. Auf jeden Fall bleibt die Frage, ob das Sortieren der Einkaufsliste mehr Zeit spart als es kostet.

Allgemein ist fraglich, ob es sich überhaupt lohnt, eine Menge von Objekten zu sortieren, nur weil wir effiziente Wege kennen, um dies zu tun. Im Folgenden geht es um ein spezielles Problem, dessen Lösung häufig auf dem vorherigen Sortieren beruht.

Das Wichtigste in Kürze
- Sortieralgorithmen sind vielseitig einsetzbar und effiziente Algorithmen ermöglichen es, auch große Mengen zu ordnen.
- Für ein Anwendungsszenario kann es unterschiedliche Sortierkriterien geben – so können Bücher nach Autor, Thema oder Erscheinungsjahr geordnet werden.
- Beispiele für Anwendungen von Sortieralgorithmen sind das Ordnen von Schallplatten, Büchern oder Kleidung.

Schnelle Suche für schnelle Forschung – Suchalgorithmen

Von 2016 bis 2020 arbeitete ich als wissenschaftlicher Mitarbeiter an der Ruhr-Universität Bochum. Glücklicherweise hat die Digitalisierung auch vor der Forschung keinen Halt gemacht. So können mathematische Vermutungen mit Simulationen zeitnah und effizient überprüft und Berechnungen an Computer ausgelagert werden. Ein großer Vorteil ist, dass Literatur und speziell wissenschaftliche Artikel online verfügbar sind. Dies hat es mir ermöglicht, mein Büro in Bochum für ein Jahr gegen einen Arbeitsplatz an der Universidad Autónoma de Madrid zu tauschen und meine Forschung in Spanien fortzusetzen. Neben Artikeln aus wissenschaftlichen Zeitschriften sind heutzutage auch die meisten Bücher digital verfügbar – aber eben nur die meisten. Hin und wieder kam es vor, dass gewisse Bücher nicht in digitaler Form zur Verfügung standen und ich ganz klassisch, wie Generationen von Wissenschaftlern vor mir, in die Bibliothek gehen und die benötigten Bücher suchen musste. An der Ruhr-Universität ist die mathematische Bibliothek Teil einer Verbundbibliothek mit mehr als 200.000 Büchern. Aus dieser Menge an Büchern das Richtige zu finden wäre nahezu unmöglich, wären die Bücher nicht thematisch und alphabetisch nach Autor sortiert. Aber auch mit der gegebenen Ordnung würde eine unsystematische Herangehensweise zu einer sehr langen Suche führen.

Suchprobleme wie dieses begegnen uns in den unterschiedlichsten Formen – beispielsweise in den Szenarien, die wir bereits von den Sortieralgorithmen kennen, wie das Finden eines Buches, einer Schallplatte oder eines Schraubenschlüssels aus einer sortierten Menge.

An Universitäten und Hochschulen werden Noten zu Prüfungen häufig in anonymisierter Form veröffentlicht. Dabei erhalten Studierende eindeutige Matrikelnummern, die nur ihnen bekannt sind, und die Prüfungsergebnisse werden unter Angabe der Matrikelnummern und Noten veröffentlicht. In dieser Situation versuchen Studierende die nervenaufreibende Suche nach ihren eigenen Ergebnissen möglichst kurz zu halten, was leichter fällt, wenn die Resultate bezüglich der Matrikelnummer sortiert sind.

Ein anderes alltagsnahes Beispiel ist die Suche nach einem Kleidungsstück in der richtigen Größe. Angenommen, auf einem Kleiderständer in einem Modegeschäft hängen schwarze T-Shirts verschiedener Größe und Sie wollen ein T-Shirt in Ihrer Größe finden. Sie können die Größe jedes T-Shirts von links nach rechts überprüfen, bis Sie ein passendes gefunden haben. Dieser *naive* Ansatz wird jedoch schnell zeitaufwendig je weiter rechts das erste Exemplar der richtigen Größe hängt.

Eine effizientere Alternative bietet sich an, falls die T-Shirts der Größe nach von klein nach groß sortiert sind. In diesem Fall könnten Sie zunächst die Größe des mittleren T-Shirts prüfen. Falls das T-Shirt zu groß ist, reicht es, die T-Shirts auf der linken Seite zu durchsuchen, falls es zu klein ist, diejenigen auf der rechten Seite. Mit einer einzigen Überprüfung können Sie die Anzahl der möglichen T-Shirts halbieren. Indem Sie immer wieder die Größe des mittleren T-Shirts prüfen, können Sie die Anzahl der relevanten T-Shirts in jedem Schritt weiter halbieren.

Dasselbe Vorgehen nutzen Studierende oft intuitiv bei der Suche ihrer Matrikelnummer auf einer Notenliste und finden so ihr Ergebnis effizienter als mit einer naiven Suche von oben nach unten.

* * *

Auch Suchalgorithmen basieren auf abstrakten Listen und sind dadurch vielseitig einsetzbar. Ihr Ziel ist es, zu einem gegebenen Objekt die Position in der Liste zu finden – wie beispielsweise die Position eines passenden T-Shirts auf dem Kleiderständer oder die Position einer Schallplatte in einer Plattensammlung.

Der naive Ansatz, die Liste von Anfang an durchzugehen, bis das gesuchte Objekt gefunden wurde, ist für sortierte Listen unnötig langsam, allerdings für kleine, unsortierte Listen eine geeignete Wahl (vgl. Algorithmus 7). Bei großen Listen ist es besser, die Liste zunächst zu sortieren und anschließend – wie im Fall der schwarzen T-Shirts – die *binäre Suche* (Pseudocode in Algorithmus 8) zu nutzen. Aufbauend auf Sortieralgorithmen ergibt sich damit ein einfaches Verfahren, das die Bemühungen, ein gewünschtes Objekt zu finden, minimiert.

Algorithmus 7 Naiver Suchalgorithmus

```
Eingabe: Liste mit n Objekten X₁, X₂, X₃, …, Xₙ
         Gesuchtes Objekt X
Ausgabe: Position i des gesuchten Objekts,
         d.h. Xᵢ = X
1. Für jeden Index i von 1 bis n:
2. Falls Xᵢ = X:
3. Gib Position i zurück und stoppe
   Algorithmus
```

Die binäre Suche nutzt denselben Trick wie der Mergesort-Algorithmus, indem die gesamte Menge immer wieder halbiert wird, bis das gesuchte Element gefunden wurde, und ist damit in den meisten Fällen deutlich effizienter als der naive Suchalgorithmus.

In Bibliotheken bekommen Bücher häufig eine dreistellige Buchstabenkombination zugeordnet, die aus den ersten drei Buchstaben des Nachnamens des Autors besteht. Das Buch *Eine kurze Geschichte der Menschheit* von Yuval Noah Harari bekäme beispielsweise die Kombination HAR. Um dieses Buch in dem Bücherregal in Abb. 3 zu finden, benötigt der naive Suchalgorithmus 10 Vergleiche, da die ersten 9 Bücher nicht dem gewünschten Titel entsprechen und erst das 10. Buch ein Treffer ist.

Algorithmus 8 Binäre Suche mit einer sortierten Liste als Eingabe. Falls die Liste nicht sortiert ist, kann sie durch einen Sortieralgorithmus zunächst sortiert werden

```
Binäre Suche
Eingabe: Sortierte Liste mit n Objekten X₁, X₂,
X₃, …, Xₙ
        Gesuchtes Objekt X
Ausgabe: Position i des gesuchten Objekts,
        d.h. Xᵢ = X
```
1. Wähle das mittlere Element X_m (wobei $m = n/2$ falls n gerade und $m = (n + 1)/2$ falls n ungerade ist)
2. Falls $X_m = X$:
3. Gib Position m zurück
4. Falls $X_m < X$:
5. Wende binäre Suche auf die Liste mit Elementen **vor** X_m an
6. Falls $X_m > X$:
7. Wende binäre Suche auf die Liste mit Elementen **nach** X_m an

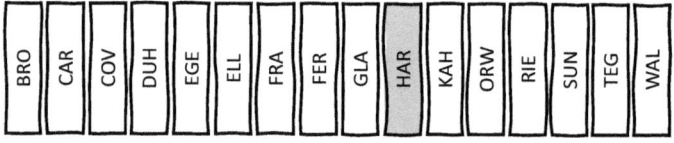

Abb. 3 Beispiel für ein sortiertes Bücherregal – HAR markiert

Im Gegensatz dazu wird beim binären Suchen zunächst das mittlere Element FER identifiziert, da es das 8. Element ist (8 = 16/2). Da F im Alphabet vor H kommt, betrachten wir im Folgenden nur die restlichen 8 Elemente – also alles nach FER. Das mittlere Element ist in diesem Fall ORW. O kommt nach H und wir berücksichtigen nur noch die übrigen Bücher zwischen GLA und KAH. Von diesen 3 Büchern ist das mittlere HAR, also das gesuchte Buch. Im Gegensatz zu den 10 Vergleichen vom naiven Suchalgorithmus, benötigen wir mit der binären Suche nur 3 Vergleiche.

Beispiele für Suchprobleme im Alltag sind facettenreich. Ein wichtiger Anwendungsfall, bei dem die binäre Suche hilfreich sein kann, ist das Finden von Dateien in einem Ordner. Abhängig von der Ordnerstruktur kann es schnell zu Ordnern mit einigen hundert Dateien kommen – beispielsweise im Fall von digitalen Fotoalben. Wenn Sie eine bestimmte Datei suchen und jedes Element in dem Ordner anhand eines Suchkriteriums wie dem Namen oder Erstellungsdatum überprüfen müssen, kann die Suche sehr lange dauern. Computer können Ordner in Sekundenbruchteilen bezüglich des Suchkriteriums sortieren und so die Voraussetzung für eine binäre Suche schaffen. Mit Hilfe der binären Suche können Sie die gewünschte Datei effizient finden. Falls wir in einem Ordner mit 300 Dateien ein Foto mit Hilfe des Aufnahmedatums suchen und das Überprüfen des Datums etwa eine Sekunde dauert, benötigt eine naive Suche im schlechtesten Fall 300 s, also 5 min. Mit der binären Suche käme es zu maximal 8 Vergleichen – zuzüglich einigem Scrollen durch den Ordner entspräche das einigen Sekunden und damit deutlich weniger als 5 min. In diesem Fall ist der Aufwand des Sortierens mit ein paar Mausklicks erledigt und entsprechend klein, sodass sich diese Anwendung hervorragend für eine binäre Suche eignet.

Neben der Suche von Objekten in Mengen oder Listen gibt es eine Vielzahl anderer Arten der Suche. Im Folgenden geht es um eine Suche, wie sie beispielsweise beim Finden einer passenden Stelle durch Berufseinsteiger oder einem Partner fürs Leben auftritt.

Das Wichtigste in Kürze
- Sortierte Listen können effizient durchsucht werden.
- Die binäre Suche reduziert den Zielbereich der Suche in jedem Schritt um die Hälfte und ist dadurch besonders effizient.
- Beispiele für Anwendungen von Suchalgorithmen sind die Suche von Büchern in einer Bibliothek oder das Finden von Dateien in großen Ordnern.

It's a (perfect) Match – Stabile Matchings

Als sich meine Zeit an der Universität ihrem Ende näherte, kam der Moment, über meine nächsten Schritte nachzudenken. Nachdem die Entscheidung für einen Wechsel aus Forschung und Entwicklung in die Industrie getroffen war, hieß es im ersten Hoch der Corona-Pandemie im Frühsommer 2020, passende Stellen zu finden und Bewerbungen zu schreiben. Auf der Suche nach passenden Stellen durchforstete ich Dutzende Jobbörsen und Firmenwebsites. Viele Stellenangebote erfüllten einzelne meiner Suchkriterien, manche einen Großteil und etwa eine Handvoll passten perfekt zu meinen Wünschen und meinem Profil. Kurzum, das Ergebnis der Recherche war eine Liste von Stellenangeboten von Traumjobs über sehr gute Alternativen bis zu Ausschreibungen, die eher als Plan B gelten würden. Zu meinem Glück suchten viele Unternehmen zu dieser schwierigen Zeit Mathematiker und Statistiker – zu meinem Unglück suchten auch viele Menschen eine Anstellung in dem Bereich. Neben meiner Liste mit Präferenzen hatte jeder der anderen Bewerber seine eigenen Vorlieben und Prioritäten. Später werden wir eine optimale Strategie für die persönliche Jobsuche kennenlernen, die auch auf viele andere Situationen anwendbar ist. In diesem Abschnitt wechseln wir jedoch zunächst die Perspektive vom einzelnen Bewerber zu einem unabhängigen Beobachter, der die beste Zuordnung von Bewerbern zu ausgeschriebenen Stellen sucht – basierend auf den Präferenzen von Bewerbern und Unternehmen.

Das Problem des *stabilen Matchings* tritt nicht nur bei der Zuordnung von Bewerbern zu Unternehmen auf, sondern auch in vielen anderen Situationen, wie der Zuteilung von Studierenden zu Betreuern von Abschlussarbeiten. Häufig wird das Problem veranschaulicht durch je eine Gruppe von Männern und Frauen, die basierend auf ihren Präferenzen in gemischte Paare eingeteilt werden sollen – aus diesem Grund wird in der Literatur oft vom *Stable Marriage Problem* gesprochen.

Beim klassischen Stable Marriage Problem gibt es zwei Gruppen derselben Größe, beispielsweise Bewerber und Unternehmen, die im Folgenden mit X und Y bezeichnet werden. Jedes Individuum hat seine eigenen Vorlieben und bevorzugt manche Individuen der anderen Gruppe gegenüber dem Rest, d. h., jedes Individuum hat eine Liste mit Präferenzen. Beispielsweise sind in Tab. 1 die Präferenzen der Bewerber Anna und Max und der Unternehmen Empresa Uno und Corporación Dos dargestellt.

Tab. 1 Liste von Präferenzen der Bewerber (oben) und Unternehmen (unten)

	1. Wahl	2. Wahl
Anna	Empresa Uno (E1)	Corporación Dos (C2)
Max	Empresa Uno (E1)	Corporación Dos (C2)

	1. Wahl	2. Wahl
Empresa Uno (E1)	Anna	Max
Corporación Dos (C2)	Max	Anna

Ein Matching von zwei Individuen x und y ist *stabil*, falls es kein Individuum z gibt, das von x gegenüber y bevorzugt wird und das x gegenüber seinem eigenen Partner bevorzugt. Mit den Präferenzen aus Tab. 1 wären die Zuordnungen *Anna + Corporación Dos* und *Max + Empresa Uno* nicht stabil, da einerseits Anna Empresa Uno gegenüber Corporación Dos bevorzugt und andererseits Empresa Uno Anna präferiert. Die Zuordnungen *Anna + Empresa Uno* und *Max + Corporación Dos* sind stabil, auch wenn Max' Präferenzen nicht berücksichtigt werden, da Max' erste Wahl (Empresa Uno) eine andere Bewerberin (Anna) bevorzugt.

Das Ziel des Stable Marriage Problems ist es, die Paare so zu wählen, dass alle Individuen gematcht werden und die Matchings stabil sind. Bereits 1962 zeigten die Mathematiker David Gale und Lloyd Shapley, dass es immer eine Lösung für das Stable Marriage Problem gibt – egal wie die Präferenzen aussehen –, und stellten einen Algorithmus vor, der diese Lösung findet (vgl. Algorithmus 9) [8]. Ein verwandtes Problem ist das *Stable Roommates Problem*, bei dem Paare aus einer einzelnen Gruppe gebildet werden, wie beispielsweise bei der Zimmerbelegung in Wohnheimen mit Doppelzimmern. Im Gegensatz zum Stable Marriage Problem, kann es beim Stable Roommates Problem vorkommen, dass die Präferenzen der Individuen keine Zuordnung erlauben, bei der alle Matchings stabil sind.

Angenommen die drei Bewerber Jan, Lea und Marie sind auf Jobsuche und die drei Unternehmen Empresa Uno (E1), Corporación Dos (C2) und Instituto Tres (I3) suchen geeignete Kandidaten für offene Stellen. Die Bewerber haben unterschiedliche Hintergründe und Wünsche für ihre zukünftigen Arbeitsstellen und damit verschiedene Präferenzen. So ist für Jan der Standort von zentraler Bedeutung, Lea legt Wert auf gute Weiterbildungsmöglichkeiten und Marie wünscht sich eine stabile Work-Life-Balance. Andererseits haben auch die Unternehmen unterschiedliche Anforderungen – Empresa Uno agiert international und benötigt daher Kandidaten mit entsprechender Erfahrung, wohingegen Corporación Dos Kandidaten mit mehr praktischer Erfahrung bevorzugt und Instituto Tres wiederum andere Kriterien hat. Alles in allem ergeben sich dadurch die Präferenzen aus Tab. 2.

Beim *Gale-Shapley-Algorithmus* erhalten zunächst alle Bewerber und Unternehmen den Status „frei". Solange es noch freie Individuen (Bewerber oder Unternehmen) gibt, wird basierend auf den Präferenzen weiter gematcht. Dafür bewirbt sich ein beliebiger freier Kandidat bei dem nächsten Unternehmen auf seiner Präferenzliste, bei dem er sich

Tab. 2 Listen von Präferenzen der Bewerber (oben) und Unternehmen (unten)

	1. Wahl	2. Wahl	3. Wahl
Jan	Empresa Uno (E1)	Corporación Dos (C2)	Instituto Tres (I3)
Lea	Corporación Dos (C2)	Empresa Uno (E1)	Instituto Tres (I3)
Marie	Empresa Uno (E1)	Instituto Tres (I3)	Corporación Dos (C2)

	1. Wahl	2. Wahl	3. Wahl
Empresa Uno (E1)	Marie	Lea	Jan
Corporación Dos (C2)	Jan	Lea	Marie
Instituto Tres (I3)	Lea	Marie	Jan

noch nicht beworben hat. Falls das Unternehmen bereits einen Bewerber hat und diesen gegenüber dem neuen Kandidaten bevorzugt, wird der Kandidat abgelehnt und dieser versucht es beim nächsten Unternehmen. Falls das Unternehmen bereits einen Bewerber hat, aber den neuen Kandidaten bevorzugt, wird der Status des ersten Bewerbers auf „frei" gesetzt, das Unternehmen mit dem neuen Kandidaten gematcht und der Status jeweils auf „vergeben" gesetzt. Letzteres passiert auch, falls das Unternehmen noch keinen Bewerber hat. Der Algorithmus terminiert, sobald es keine freien Individuen mehr gibt, mit dem Ergebnis eines stabilen Matchings.

Algorithmus 9 Pseudocode des Gale-Shapley-Algorithmus

```
Gale-Shapley-Algorithmus
Eingabe: Zwei gleich große Mengen X und Y mit den
         Präferenzen der Individuen
Ausgabe: Ein stabiles Matching
1. Gib allen Individuen aus X und Y den Status „frei"
2. Solange ein Individuum x aus X „frei" ist:
3. Wähle das erste Individuum y aus den Präferenzen
   von x, bei dem sich x noch nicht beworben hat
4. Falls y „vergeben" ist, aber x gegenüber seinem
   Partner z präferiert:
5. Matche x und y (setze Status von x und y auf
   „vergeben")
6. Setze Status von z auf „frei"
7. Falls y „frei" ist:
8. Matche x und y (setze Status von x und y auf
   „vergeben")
```

In dem oberen Beispiel bewirbt sich Jan zunächst bei E1 *(Jan + E1)* und anschließend Lea bei C2 *(Jan + E1, Lea + C2)*. Wenn sich nun Marie ebenfalls bei E1 bewirbt, lehnt E1 Jan ab und nimmt die Bewerbung von Marie an, da sie höher in der Präferenzliste von E1 steht *(Marie + E1, Lea + C2)*. Da Jan nun wieder frei ist, bewirbt er sich bei der zweiten Firma auf seiner Liste: C2. Da C2 Jan gegenüber Lea bevorzugt, wird seine Bewerbung akzeptiert, sodass Lea wieder frei ist *(Marie + E1, Jan + C2)*. Als Nächstes bewirbt sich Lea bei ihrer Nummer 2: E1. Die Bewerbung wird allerdings nicht angenommen, da E1 Marie gegenüber Lea bevorzugt. Zu guter Letzt wird Leas dritte Bewerbung (bei I3) angenommen, sodass der Algorithmus mit dem Ergebnis *(Marie + E1, Jan + C2, Lea + I3)* endet.

Es lässt sich mathematisch beweisen, dass ein stabiles Matching aus dem Gale-Shapley-Algorithmus aus Sicht der Gruppe X optimal ist – eine Eigenschaft, die auch als X-optimal bezeichnet wird. In den meisten Fällen ist das Ergebnis für die Gruppe Y jedoch nicht optimal. Anschaulich gesprochen liegt dies daran, dass die Individuen in X aktiv ihre Präferenzliste abarbeiten und die Individuen in Y darauf warten, gematcht zu werden.

Wenn Bewerber mit den Präferenzen aus Tab. 3 beispielsweise die Initiative ergreifen, führt der Algorithmus zunächst dazu, dass sich Jan bei Empresa Uno bewirbt und vorläufig angenommen wird. Dann bewirbt sich Lea erfolg-

Tab. 3 Listen von Präferenzen der Bewerber (oben) und Unternehmen (unten)

	1. Wahl	2. Wahl	3. Wahl
Jan	Empresa Uno (E1)	Corporación Dos (C2)	Instituto Tres (I3)
Lea	Corporación Dos (C2)	Instituto Tres (I3)	Empresa Uno (E1)
Marie	Instituto Tres (I3)	Empresa Uno (E1)	Corporación Dos (C2)

	1. Wahl	2. Wahl	3. Wahl
Empresa Uno (E1)	Lea	Marie	Jan
Corporación Dos (C2)	Marie	Jan	Lea
Instituto Tres (I3)	Jan	Lea	Marie

reich bei Corporación Dos und Marie bei Instituto Tres. Auch wenn die Kandidaten zunächst nur vorläufig angenommen wurden, werden sie sich nicht weiter bewerben und die Firmen haben keine Wahl, als jeweils den ersten Bewerber zu akzeptieren, auch wenn dieser nicht ihre erste Wahl ist. In dem Beispiel sind die Bewerber aus Sicht der Unternehmen tatsächlich die schlechteste Wahl.

Wenn andererseits die Unternehmen auf die Bewerber zugehen, werden Lea zunächst das Angebot von Empresa Uno, Marie das Angebot von Corporación Dos und Jan das Angebot von Instituto Tres vorläufig annehmen. Da die Unternehmen jeweils eine Zusage ihrer ersten Wahl bekommen haben, werden sie ihre Suche beenden. Für die Unternehmen ist dieses Ergebnis besser als bei der Initiative der Bewerber, für die Bewerber ist dies jedoch das schlechteste Resultat.

Übertragen auf die reale Jobsuche sind dies gute Neuigkeiten für Bewerber, da diese häufig den aktiven Part übernehmen und sich zunächst auf ihre bevorzugten Stellen bewerben und – falls nötig – ihre Ansprüche Schritt für Schritt senken. Auf der anderen Seite müssen Unternehmen, die nicht selbst aktiv nach passenden Kandidaten für ihre offenen Stellen suchen, dementsprechend die Kandidaten übernehmen, die von beliebteren Arbeitgebern abgelehnt wurden. Es ist also ratsam, das Thema Recruiting aktiv anzugehen und nicht erst auf Bewerber zu warten.

Analoge Schlüsse lassen sich auf alle anderen Anwendungen des Stable Marriage Problem übertragen. So ist es für Studierende ratsam, aktiv nach Betreuern für Abschlussarbeiten zu suchen und bei der Partnerwahl nicht darauf zu warten, gefunden zu werden, sondern aktiv zu suchen.

In diesem Kapitel ging es um Algorithmen zum effizienten Sortieren, Suchen und Matchen. Eine besondere Kategorie sind Optimierungsalgorithmen, die für ein gegebenes Problem bzw. eine Fragestellung aus einer Menge von Lösungen die beste suchen. Im Folgenden geht es um solche Optimierungsalgorithmen, die Lösungen für die unterschiedlichsten Probleme finden können.

Das Wichtigste in Kürze
- Wenn Mitglieder von zwei Gruppen basierend auf ihren Präferenzen zu Paaren gematcht werden sollen, gibt es immer ein stabiles Matching – unabhängig von den konkreten Präferenzen.
- Proaktivität zahlt sich aus: Das stabile Matching ist optimal aus Sicht der Gruppe, die Initiative zeigt.
- Beispiele für stabile Matchings sind die Zuordnung von Bewerbern zu Unternehmen und die Vergabe von Abschlussarbeiten durch Betreuer an Studierende.

Optimierungsalgorithmen: Fundierte Entscheidungen treffen

Zu Beginn meines Studiums arbeitete ich nebenberuflich als Trainer in einem Fitnessstudio. Jedes Jahr im Januar füllte sich die Fläche mit Trainierenden, die hoch motiviert ihre Neujahrsvorsätze umsetzen wollten. Die meisten Neujahrssportler verloren schnell ihr Interesse und warfen ihre Vorsätze bis Ende Januar über Bord. Ein Teil der Anfänger konnte sich jedoch langfristig für das Training im Fitnessstudio begeistern. Ein entscheidender, motivierender Aspekt war sicherlich, dass Anfänger ohne Trainingserfahrung schnell Fortschritte machen. Dies liegt zum einen an der Anpassung des Körpers an die neue Belastung, vor allem aber verbessert sich die Koordination der Trainierenden, sodass der Körper lernt, die Bewegungen effizienter auszuführen. Diesen Effekt finden wir nicht nur im Fitnessstudio – auch Anfänger anderer Sportarten machen schnell Fortschritte, da der Körper neue Bewegungsabläufe optimiert. Körperliche Anpassung durch Muskelauf- oder Fettabbau spielt erst später eine größere Rolle.

Die Optimierung von Bewegungen findet unterbewusst in unserem Körper statt. Andere Dinge optimieren wir hingegen ganz bewusst – beispielsweise unseren Tagesablauf, wenn wir auf dem Weg von der Arbeit nach Hause noch schnell zum Supermarkt fahren oder versuchen Familie, Freunde und Hobbys unter einen Hut zu bekommen.

Unternehmen optimieren ihren Gewinn durch das Erhöhen ihrer Einnahmen und Kürzen ihrer Ausgaben, zum Beispiel indem sie das Design ihrer Websites verbessern oder mit Werbung gezielter neue Kunden erreichen. Die Betreiber von sozialen Netzwerken und Videoplattformen versuchen, durch psychologische Tricks unsere Aufmerksamkeit möglichst lange zu halten. Fitnessstudios nutzen zum Jahresbeginn Lockangebote, um möglichst viele Mitglieder zu werben, die gebunden durch Jahresverträge monatlich Beiträge bezahlen, auch wenn sie schon lange nicht mehr trainieren.

Auch im Privaten möchten wir häufig möglichst gute Entscheidungen treffen. Sollten Sie einen Gebrauchtwagen vor oder nach der nächsten Hauptuntersuchung verkaufen? Welche Versicherungen sind für Sie sinnvoll und bei welchen übersteigen die Kosten den Nutzen im Schadensfall? Lohnt sich eine Jahresmitgliedschaft in einem Fitnessstudio für Sie wirklich?

Von morgens bis abends begegnen uns die unterschiedlichsten Optimierungsprobleme. In diesem Kapitel geht es um Fragestellungen, bei denen optimale Lösungen gesucht werden, und Algorithmen, die uns helfen, genau diese optimalen Lösungen zu finden.

Doch nicht nur Menschen versuchen, Entscheidungen zu optimieren. Auch in der Natur setzen sich effiziente Prozesse durch. Die Evolution ist möglicherweise der bekannteste Optimierungsalgorithmus und sorgt dafür, dass sich vorteilhafte Merkmale in einer Bevölkerung über die Zeit durchsetzen.

Das Wichtigste in Kürze
- Optimierungsprobleme begegnen uns im Alltag in den verschiedensten Formen.
- Optimierungsalgorithmen helfen uns, bessere Entscheidungen zu treffen.
- Ein Beispiel für einen Optimierungsalgorithmus ist die Evolution.

Die kürzeste Strecke finden – Wegoptimierung

Da mein Jobwechsel von der Universität in die Industrie in das frühsommerliche Hoch der Corona-Pandemie fiel, liefen die Bewerbungsgespräche und Auswahlverfahren online ab. Erst nach der Zusage fuhr ich zu meinem zukünftigen Arbeitgeber, um dort einen Arbeitsvertrag zu unterzeichnen. Doch vor der Fahrt stellte sich eine entscheidende Frage: Welchen Weg sollte ich nehmen? Natürlich hatte eine suboptimale Wahl des Weges bei der ersten Fahrt keine schwerwiegenden Folgen, aber bei gut 220 bis 230 Arbeitstagen pro Jahr summiert sich ein um 5 min kürzerer Weg zu etwa 36 bis 38 eingesparten Stunden – Zeit, für die es sicherlich eine bessere Verwendung gibt als den Weg zur Arbeit. Doch wenn ich an jeder Kreuzung aus drei Richtungen wählen kann und sich damit schnell tausende mögliche Wege ergeben – wie sollte ich dann den optimalen finden?

Die Suche nach kürzesten Wegen (oder *kürzesten Pfaden*) spielt nicht nur bei Arbeitswegen eine Rolle. Sie können jegliche Strecke, die Sie mit dem Auto, Fahrrad, ÖPNV oder zu Fuß zurücklegen, bezüglich verschiedener Kriterien optimieren – etwa bezüglich Zeit, Strecke oder ökologischem Fußabdruck. Der schnellste Weg muss nicht unbedingt der kürzeste sein, sodass viele Autofahrer längere

Strecken über die Autobahn gegenüber kürzeren Strecken durch die Stadt bevorzugen. Besonders für Fahrradfahrer spielt die Sicherheit im Straßenverkehr eine entscheidende Rolle und kleine Umwege über sichere Fahrradwege werden in Kauf genommen.

Doch auch abseits vom Straßenverkehr kann es nützlich sein, den kürzesten Pfad zu finden. Wenn wir bei einem Zauberwürfel (engl. *Rubik's Cube*) den Ausgangszustand als Startpunkt, das gewünschte Ergebnis als Endpunkt und alle Lösungswege als Pfade zwischen den beiden Punkten ansehen, entspricht der kürzeste Pfad dem Lösungsweg, der die wenigsten Schritte benötigt. Allgemeiner können kürzeste Pfade helfen, von einem Ausgangspunkt möglichst schnell zum Ziel zu kommen – nicht nur für Orte, sondern auch für abstraktere Ziele.

In Abb. 4 ist eine Karte mit Orten und Verbindungen zu sehen. In der Mathematik werden solche „Karten" als *Graphen*, die Orte als *Knoten* und die Verbindungen als *Kanten* bezeichnet. Die Zahlen neben den Kanten stehen für die Entfernungen zwischen den Orten, die in der Mathematik auch *Kosten* oder *Gewichte* genannt werden. Um in diesem Beispiel den kürzesten Weg vom Start zum Ziel zu finden, können wir schrittweise für alle dazwischenliegenden Knoten die Entfernung bestimmen und uns merken, wie wir auf schnellstem Weg zu den jeweiligen Knoten gekommen sind.

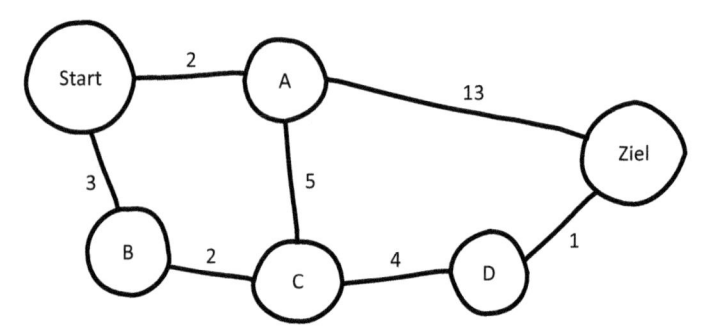

Abb. 4 Ein Graph mit gewichteten Kanten. Die Gewichte geben die Entfernung zwischen den Punkten an

Konkret bedeutet dies, dass wir vom Start aus direkt die Orte A und B erreichen und die Orte jeweils die Entfernungen 2 und 3 haben. Von A können C und das Ziel direkt erreicht werden. Über diesen Weg ist die Entfernung vom Start 7 (Start – A – C) bzw. 15 (Start – A – Ziel). Offensichtlich ist das nicht die beste Verbindung, denn vom Start über B zu C ist die Entfernung nur 5. Die kürzesten Pfade zu den Orten, die vom Start, von A und von B aus erreicht werden können, sind momentan also: Start – A: 2, Start – B: 3, Start – B – C: 5 und Start – A – Ziel: 15.

Von C aus geht es nun weiter zu D. Da D nur über C erreichbar ist, ist die kürzeste Strecke: Start – B – C – D mit einer Gesamtentfernung von 9. Da die Entfernung von D zum Ziel 1 entspricht, hat die Strecke Start – B – C – D – Ziel eine Entfernung von 10 und ist damit kürzer als die direktere Verbindung Start – A – Ziel mit einer Entfernung von 15. Der Umweg über mehrere Zwischenpunkte zahlt sich am Ende also aus. Wenn die Entfernungen in Minuten gemessen sind und es sich bei dem Weg um einen Arbeitsweg handelt, führt die Zeitersparnis von 5 min je Weg wie bereits angedeutet zu etwa 36 bis 38 h mehr freier Zeit pro Jahr.

Das oben beschriebene Vorgehen ist die Grundidee eines klassischen Algorithmus zum Finden von kürzesten Pfaden – nämlich dem *Algorithmus von Dijkstra* (vgl. Algorithmus 10), der bereits 1959 vom niederländischen Informatiker Edsger Wybe Dijkstra vorgestellt wurde und dessen Erweiterungen auch heute noch stark verbreitet sind [9]. Ziel des Algorithmus ist es, zunächst die Entfernung vom Startpunkt zu jedem anderen Punkt zu ermitteln und darauf basierend die kürzeste Route zwischen Start und Ziel zu finden. Dabei definiert der Algorithmus zunächst die Entfernung vom Start zu jedem anderen Punkt als „unendlich" (=∞), sucht schrittweise den Ort mit der kürzesten Entfernung vom Start und berechnet für alle Punkte, die von diesem Ort aus erreicht werden, jeweils die Distanz zum Start. Es lässt sich mathematisch beweisen, dass das Endergebnis des Algorithmus von Dijkstra ein kürzester Weg zwischen Start und Ziel ist – auch wenn es möglicherweise mehr als einen Weg mit dieser Entfernung gibt.

Algorithmus 10 Pseudocode des Algorithmus von Dijkstra. $d(v)$ bezeichnet die Entfernung vom Start zu einem Punkt v und $c(v, w)$ bezeichnet den Abstand zwischen zwei Punkten v und w

```
Dijkstra-Algorithmus
Eingabe: Graph (bestehend aus Knoten, Kanten und
         Kosten)
         Startknoten
Ausgabe: Liste mit Entfernung (vom Start) und
         Vorgänger für jeden Knoten
1.  Setze alle Knoten auf eine Warteliste
2.  Erstelle eine (leere) Liste zum Speichern
    der Vorgängerknoten
3.  Erstelle eine Liste mit Entfernungen:
    d(Start) = 0 und
    d(v) = ∞ („unendlich") für alle anderen
    Knoten v
4.  Solange Knoten in der Warteliste sind:
5.  Wähle Knoten v mit kleinster Entfernung
    aus Warteliste
6.  Entferne Knoten v aus der Warteliste
7.  Für alle Knoten w, die vom Knoten v aus
    erreichbar sind:
8.  Falls w noch in der Warteliste ist und
    d(v) + c(v, w) kleiner ist als d(w):
9.  Definiere neue Entfernung
    d(w) = d(v) + c(v, w)
10. Wähle v als den Vorgänger von w
11. Gib die Listen mit Entfernungen und
    Vorgängerknoten zurück
```

> **Algorithmus 11 Pseudocode des Algorithmus zur Berechnung der kürzesten Pfade – basierend auf dem Algorithmus von Dijkstra.**
>
> ```
> Kürzester-Pfad-Algorithmus (basierend auf
> Algorithmus von Dijkstra)
> Eingabe: Vorgängerknoten für jeden Knoten
>         (Ergebnis von Dijkstra-Algorithmus)
>         Zielknoten
> Ausgabe: Kürzester Pfad vom Start- zum Zielknoten
> 1. Erstelle eine Liste mit dem Zielknoten (als einziges
>    Element)
> 2. Setze v = Zielknoten
> 3. Solange v einen Vorgänger hat:
> 4. Füge den Vorgänger der Liste hinzu
> 5. Wähle den Vorgänger als neues v
> 6. Gib die Liste zurück
> ```

Angenommen wir entscheiden uns aus diversen Gründen, mit dem Fahrrad statt dem Auto zur Arbeit zu fahren. Da das Fahrrad agiler ist und in vielen Städten Fahrradfahrer in beide Richtungen von Einbahnstraßen fahren dürfen, ergibt sich eine Karte mit denselben Orten wie in Abb. 4, jedoch mit mehr Verbindungen und etwas anderen Entfernungen (vgl. Abb. 5).

Um den Dijkstra-Algorithmus anzuwenden, erstellen wir zunächst eine Warteliste mit allen Knoten und die beiden Listen mit Entfernungen und Vorgängern:

Warteliste = Start, A, B, C, D

Knoten	Start	A	B	C	D	Ziel
Entfernung	0	∞	∞	∞	∞	∞
Vorgänger	–	–	–	–	–	–

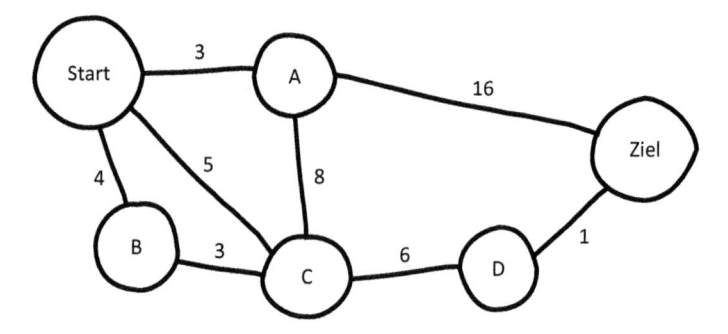

Abb. 5 Ein Graph mit denselben Knoten wie in Abb. 4, aber einer weiteren Kante und anderen Gewichten

Der Knoten mit der geringsten Entfernung zum Start ist (mit einer Entfernung von 0) zunächst der Startknoten selbst. Dieser wird aus der Warteliste entfernt und die Entfernungen, für die von dort erreichbaren Orte werden aktualisiert:

Warteliste = A, B, C, D

Knoten	Start	A	B	C	D	Ziel
Entfernung	0	3	4	5	∞	∞
Vorgänger	–	Start	Start	Start	–	–

Der nächste Punkt mit der kürzesten Entfernung vom Start in der Warteliste ist A. Da C bereits direkt vom Start erreicht wird und die Entfernung ohne Umweg 5 beträgt (im Gegensatz zu Start – A – C mit einer Entfernung von 11), wird die Entfernung nicht aktualisiert, sondern lediglich die Entfernung zum Ziel:

Warteliste = B, C, D

Knoten	Start	A	B	C	D	Ziel
Entfernung	0	3	4	5	∞	19
Vorgänger	–	Start	Start	Start	–	A

Der nächste Punkt in der Warteliste ist B, der jedoch in der Tabelle nichts ändert. Von C aus wird D erreicht: Warteliste = D

Knoten	Start	A	B	C	D	Ziel
Entfernung	0	3	4	5	11	19
Vorgänger	–	Start	Start	Start	C	A

Vom letzten Punkt in der Warteliste gibt es eine Verbindung zum Ziel, die Entfernung vom Start zu D beträgt 11 und der Abstand von D zum Ziel 1, sodass der Weg über D kürzer ist als der Weg über A und das Ergebnis vom Algorithmus von Dijkstra die folgende Tabelle ist:

Knoten	Start	A	B	C	D	Ziel
Entfernung	0	3	4	5	11	12
Vorgänger	–	Start	Start	Start	C	D

Wenn wir uns nun vom Ziel rückwärts bis zum Start bewegen, erhalten wir als kürzesten Weg: Ziel – D – C – Start bzw. vorwärts den Weg: Start – C – D – Ziel mit einer Gesamtentfernung von 12.

Wie bereits angesprochen, kommen der Algorithmus von Dijkstra und andere Algorithmen, die kürzeste Pfade zwischen zwei Punkten finden, nicht nur in der Navigation zum Einsatz. In vielen sozialen Netzwerken, wie LinkedIn oder Xing, wird angezeigt, über wie viele Ecken wir mit anderen Nutzern verbunden sind. Das *Kleine-Welt-Phänomen* besagt, dass diese Verbindungen erstaunlich kurz sind. Nach ersten Experimenten stellten die amerikanischen Psychologen Jeffrey Travers und Stanley Milgram im Jahr 1969 die Vermutung auf, dass zwei beliebige US-Amerikaner über durchschnittlich 5,5 Grade verbunden sind [10]. Dies gilt umso mehr für unsere stark vernetzte Welt und unsere Verbindungen in sozialen Netzwerken. Die kürzesten Pfade – also die direktesten Verbindungen zwischen uns und anderen Nutzern – können effizient vom Dijkstra-Algorithmus gefunden werden.

Das Finden kürzester Verbindungen zwischen zwei Punkten ist nur eines von vielen Optimierungsproblemen, die uns täglich begegnen. Nachdem wir uns in den letzten Seiten mit einem sehr konkreten Problem beschäftigt haben, geht es im Folgenden um allgemeinere Optimierungsverfahren, die zur Lösung der unterschiedlichsten Fragestellungen genutzt werden können.

Das Wichtigste in Kürze
- Karten mit Orten und Verbindungen lassen sich mathematisch mit Graphen modellieren.
- Mit dem Algorithmus von Dijkstra können effizient kurze Wege gefunden werden.
- Beispiele für die Anwendung des Algorithmus von Dijkstra sind die Suche von Verbindungen zwischen Nutzern in sozialen Netzwerken und die Routenplanung.

Eine Wanderung durch die Berge – Optimierung stetiger Funktionen

Beruflich sitze ich viel vor meinem Computer – am Schreibtisch oder in der Bahn. Zum Ausgleich tausche ich dafür nach Feierabend regelmäßig das Büro gegen die Natur und gehe joggen. In meiner Heimat gibt es eine Handvoll Strecken, die ich immer wieder laufe und deshalb inzwischen gut einschätzen kann. Daher kann ich meinen Energielevel vorausschauend an Steigungen und abfallende Streckenteile anpassen und vor roten Ampeln meine Geschwindigkeit rechtzeitig so reduzieren, dass ich die Wartezeit verkürze. Wenn ich dagegen im Urlaub unbekannte Strecken laufe, sind diese auch bei ähnlichen Steigungen deutlich anstrengender, da ich meine Geschwindigkeit und meinen Energielevel nicht vorausschauend anpassen kann.

Beim Finden von Lösungen in der Optimierung gibt es ebenfalls diese beiden Szenarien. In manchen Situationen sind Zusammenhänge zwischen *Einfluss-* und *Zielvariablen* vollkommen bekannt, sodass wir einfach zu optimalen Lösungen kommen. In anderen Situationen sind diese Zusammenhänge möglicherweise gar nicht oder nur teilweise bekannt, was die Suche nach optimalen Lösungen erschwert. Wenn eine Zielvariable y von einer Einflussvariablen x abhängt, kann dieser Zusammenhang mit einer *Funktion f* beschrieben werden: $f(x) = y$. Mit dieser Notation können Optimierungsprobleme mathematisch definiert werden als die Suche nach Maxima und Minima der Funktion f. Wenn die Funktion f vollständig bekannt ist, ist die Suche entsprechend einfacher, als wenn die Funktion nur teilweise bekannt ist.

Zum Beispiel hängt die Wirkung eines Medikaments von den Wirkstoffen ab, also *f(Wirkstoffen) = Wirkung*, oder die Qualität von gekochtem Kaffee von der Menge und Qualität des Kaffeepulvers, also *f(Pulvermenge, Pulverqualität) = Kaffeequalität*. Generell macht es mir Spaß, joggen zu gehen, aber der Spaß hängt von der Dauer der Trainingseinheit ab. Der Anfang ist zunächst anstrengend, bis nach einer gewissen Zeit das Läuferhoch (engl. *Runner's High*) einsetzt. Mit zunehmender Strecke setzt dann aber die Erschöpfung ein, die irgendwann überhandnimmt und die Freude am Laufen reduziert. Mein Spaß am Laufen lässt sich, wie in Abb. 6, als Funktion darstellen: *f(Dauer) = Spaß*, wobei letztlich auch andere Faktoren wie das Wetter oder meine Tagesform einen Einfluss auf den Spaßfaktor der Trainingseinheit haben.

Angenommen wir machen eine Wanderung durch ein Gebirge. In diesem Fall ist es einfacher, den Gipfel des Berges und den tiefsten Punkt des Tals zu finden, wenn wir

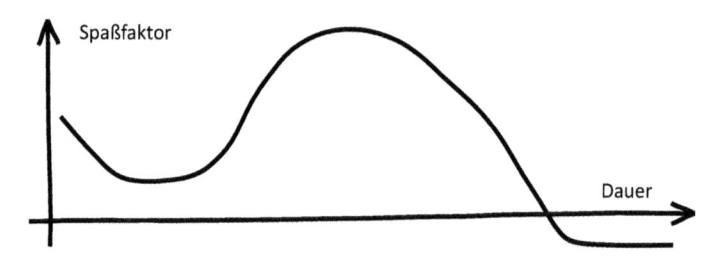

Abb. 6 Spaßfaktor einer Jogging-Trainingseinheit (y-Achse) in Abhängigkeit von der Dauer (x-Achse)

klare Sicht haben. Wenn wir jedoch von starkem Nebel umgeben sind und dadurch eine begrenzte Sicht haben, die sich auf ein paar Meter beschränkt, dann ist es deutlich schwieriger, Gipfel und Tal zu finden. In diesem Fall müssten wir stundenlang wandern, um festzustellen, ob es weiter nach oben geht oder nicht, bis wir letztlich den Gipfel erreichen. Da wir allerdings auch vom Gipfel nur eine eingeschränkte Sicht haben, können wir nicht ausschließen, dass in einiger Entfernung ein noch höherer Berg mit einem höheren Gipfel ist.

In der Mathematik werden Punkte, die in einer Umgebung aussehen wie Gipfel, als *Maxima* oder *Hochpunkte* bezeichnet. Da jeder Gipfel möglicherweise nur in einer lokalen Umgebung ein Hochpunkt ist und es weitere, höhere Gipfel geben kann, werden diese Maxima als *lokale* Maxima (oder lokale Hochpunkte) bezeichnet. Der absolut höchste Punkt in einem Gebirge ist mathematisch ein *globales* Maximum (oder globaler Hochpunkt). Analog heißen die tiefsten Punkte *Minima* (oder *Tiefpunkte*). Maxima und Minima zusammen werden als *Extrempunkte* oder kurz als *Extrema* bezeichnet. In Abb. 7 ist ein Gebirge bei klarer und vernebelter Sicht zu sehen. Wenn wir bei Nebel den kleineren Gipfel erreichen, könnten wir fälschlicherweise vermuten, die Spitze des Gebirges erreicht zu haben. Lokale Extrema können bei der Optimierung zu schwerwiegenden

Abb. 7 Ein Gebirge mit klarer (links) bzw. nebeliger Sicht (rechts) oder mathematisch: eine vollständig (links) bzw. teilweise bekannte Funktion (rechts)

Problemen führen, wenn der Optimierungsalgorithmus diese nicht als lokale Extrema erkennt, sondern sie als globale Extrema akzeptiert.

Falls die zu optimierende Funktion f bekannt ist, können lokale Extrema leicht berechnet werden. Dafür wird häufig die Steigung der Funktion in allen Punkten berechnet. Wenn die Steigung von f in jedem Punkt x berechnet wird, ergibt dies eine neue Funktion $f'(x)$, die als Ableitung bezeichnet wird. Die Punkte, in denen die Steigung null ist, sind potenzielle Extremstellen, denn wäre die Steigung nicht null, gäbe es einen höheren bzw. niedrigeren Punkt und der gegebene Punkt wäre kein Extremum. Um auszuschließen, dass es sich um lokale Extremstellen handelt, können die Funktionswerte $f(x)$ in diesen Punkten berechnet werden. Der höchste bzw. niedrigste Wert entspricht dann dem Maximum bzw. Minimum – wobei es auch vorkommen kann, dass mehrere Punkte diesen Wert annehmen, es also mehrere gleich hohe Gipfel gibt.

Wenn wir beispielsweise die Qualität von gekochtem Kaffee in Abhängigkeit von der Kaffeemenge optimieren wollen, könnten wir akribisch die Menge von 0 g je Tasse in kleinsten Schritten bis auf 100 g erhöhen und die Qualität des Kaffees bewerten. Damit könnten wir die Kaffeequalität in dem Intervall von 0 bis 100 g perfekt modellieren und das Optimum leicht erkennen – entweder graphisch wenn wir die Messdaten in einen Graphen wie in Abb. 6

eintragen, oder mit Hilfe der Ableitung. Diese Vorgehensweise wäre treffsicher, weil wir die optimale Kaffeemenge je Tasse finden, aber alles andere als effizient – wir müssten tausende Tassen Kaffee trinken und deren Qualität bewerten, was entweder lange dauert oder schnell ungesund wird.

Auch als Nicht-Barista können wir den Suchbereich einschränken, denn weder das untere Extrem von 0 g noch das gegenteilige Extrem von 100 g klingen nach vielversprechenden Mengen. Eine effizientere Möglichkeit, die optimale Kaffeemenge – zumindest näherungsweise – herauszufinden, besteht darin, eine plausible Lösung zu wählen (bspw. 20 g für eine 0,3 l Tasse) und von dort aus den Kaffee schrittweise zu verbessern, also die Menge zu reduzieren, falls der Kaffee zu stark ist, oder zu erhöhen, falls er zu schwach ist. Mit diesem Vorgehen müssten wir nur einige wenige Kaffees kochen und probieren, um die (annähernd) optimale Menge Kaffeepulver herauszufinden.

Diese intuitive Vorgehensweise bildet die Grundlage einer Methode, die in der Mathematik als *Gradientenverfahren* (engl. *Gradient Descent*) bekannt und Basis einer Vielzahl der wichtigsten Optimierungsalgorithmen ist. Das Gradientenverfahren lässt sich leicht anhand der Gipfelsuche im Gebirge verstehen. Wenn wir in einem nebligen Gebirge den höchsten Punkt suchen, aber nur ein paar Meter weit sehen können, ist eine naheliegende Herangehensweise, in die Richtung zu gehen, in der die Steigung am größten ist – es also am steilsten bergauf geht. Wenn wir immer der steilsten Steigung folgen, erreichen wir über kurz oder lang einen Punkt, in dem die Steigung in alle Richtungen null ist, sodass der Punkt möglicherweise einen Gipfel darstellt. Wenn wir nun sehen, dass der Punkt zumindest in unserem Sichtfeld der höchste Punkt ist, haben wir tatsächlich einen (lokalen) Gipfel erreicht. Andernfalls können wir weiter in die Richtung gehen, in der sich ein höherer Punkt befindet, und weiter der steilsten Steigung folgen, bis wir einen Gipfel finden. Auf der einen Seite erreichen wir mit diesem Verfahren zwangsläufig einen Gipfel, auf der anderen Seite kann der Weg dorthin lang sein.

Das Gradientenverfahren nähert sich der optimalen Lösung sukzessive an – unter Umständen, ohne sie zu erreichen, falls beispielsweise die Anzahl der Schritte zu klein ist. Daher spricht man von einem *approximativen* Verfahren – im Gegensatz dazu stehen sogenannte *analytische* Verfahren, die die optimale Lösung exakt finden, was häufig deutlich aufwendiger oder gar unmöglich ist.

Ein Anwendungsbeispiel für das Gradientenverfahren begegnet uns mehrmals täglich: die Einstellung der richtigen Wassertemperatur und des richtigen Drucks bei einem Wasserhahn. Im einfachsten Fall verfügt der Wasserhahn über einen Hebel, mit dem Wassertemperatur und -druck unabhängig voneinander eingestellt werden können. Dadurch, dass beide Größen (Temperatur und Druck) in diesem Fall über die horizontale bzw. vertikale Hebelposition unabhängig eingestellt werden können, ist die Optimierung einfach. Schwieriger wird es, wenn über zwei Griffe der Wasserdruck des warmen und kalten Wassers eingestellt werden muss. In diesem Fall müssen die Positionen der Griffe gemeinsam optimiert werden, was durch eine Anwendung des Gradientenverfahrens in einfachster Form erreicht werden kann:

- Falls der Druck zu niedrig und die Temperatur zu hoch ist, sollte das kalte Wasser weiter aufgedreht werden.
- Falls andererseits sowohl der Druck als auch die Temperatur zu hoch sind, sollte das warme Wasser reduziert werden.
- Falls der Druck optimal ist, die Temperatur jedoch zu hoch ist, sollte das warme Wasser ab- und zeitgleich das kalte Wasser aufgedreht werden.

Die Stärke der Änderung – mathematisch häufig als *Schrittgröße* bezeichnet – sollte abhängig davon gewählt werden, wie stark der aktuelle vom gewünschten Zustand abweicht. Und auch wenn die Formalisierung des Gradientenverfahrens technisch und abstrakt wirkt, wird an dem Beispiel des Wasserhahns klar, dass wir es tagtäglich unbewusst nutzen.

Algorithmus 12 Pseudocode des Gradientenverfahrens zur Suche eines lokalen Minimums einer Zielfunktion f. Um ein lokales Maximum zu finden, muss in Schritt 4 lediglich in die Richtung des steilsten Anstiegs gegangen werden bzw. in der Formel das Minus durch ein Plus ersetzt werden

```
Gradientenverfahren
Eingabe: Definitionsbereich X
         Zielbereich Y
         Zielfunktion f von X nach Y
         Schrittgröße γ ("gamma")
Ausgabe: (ungefähres) lokales Minimum von f
1. Starte an einem zufälligen Punkt x
2. Wiederhole, bis ein Stoppkriterium
   erreicht wurde:
3. Berechne die Richtung der steilsten
   Steigung mathematisch: berechne die
   Ableitung ∇f(x) von f im Punkt x
4. Gehe von x in Richtung des steilsten
   Abstiegs und definiere den neuen Punkt als x
   mathematisch: x ← x - γ ∇ f(x)
5. Gib den Punkt x zurück
```

Das Gradientenverfahren setzt voraus, dass wir in beliebig kleinen Schritten in die Richtung der steilsten Steigung gehen können. Dies ist bei vielen Optimierungsproblemen der Fall – von der optimalen Menge eines Wirkstoffs in einem Medikament über das Verhältnis von warmem zu kaltem Wasser bis zur Menge von Kaffeepulver in einer Tasse Kaffee. Allgemein werden Optimierungsprobleme mit dieser Eigenschaft als *stetig* bezeichnet. Demgegenüber stehen *diskrete* Optimierungsprobleme, bei denen es diese Möglichkeit nicht gibt, was häufig bei Entscheidungen der Fall ist. An einer Kreuzung können wir beispielsweise links oder rechts abbiegen, aber „ein bisschen links" ist oft nicht möglich. Beispiele für diskrete Optimierungsprobleme schließen das Finden stabiler Matchings oder kürzester Pfade ein. Auch Kaufentscheidungen sind diskret: Entweder Sie kaufen etwas oder nicht. In den meisten Geschäften wird es nicht möglich sein, Gegenstände „ein bisschen zu kaufen".

Da stetige und diskrete Probleme strukturell verschieden sind, benötigen sie unterschiedliche Lösungsansätze. Die Einteilung in die beiden Kategorien hilft dabei, einen passenden Optimierungsalgorithmus für eine spezielle Anwendung zu finden. Eine andere mögliche Einteilung von Optimierungsproblemen sind *deterministische* und *zufällige* (oder *stochastische*) Probleme. Bisher haben wir implizit angenommen, dass alle relevanten Informationen bekannt und nicht zufällig sind. Auch wenn wir in dem nebligen Gebirge nicht wissen, wie hoch die Gipfel der Berge sind, wissen wir doch, dass sie bei jedem Besuch gleich hoch sind.

Im Alltag begegnen uns jedoch häufig Situationen, bei denen der Zufall eine Rolle spielt, oder die zumindest so komplex sind, dass wir sie mit herkömmlichen Methoden nicht effizient analysieren können. Wenn wir beispielsweise eine Münze werfen und alle Informationen wie die Position der Hand, die Beschleunigung der Münze, den Widerstand der Luft etc. kennen würden, könnten wir vorhersagen, auf welcher Seite die Münze landet. Diese Berechnungen sind jedoch bereits bei einem einfachen Münzwurf so komplex, dass es häufig zielführender ist, das Experiment als zufällig anzusehen, die Wahrscheinlichkeit der beiden Seiten als 50 % anzunehmen und mit diesen Wahrscheinlichkeiten zu rechnen. Ereignisse als zufällig anzusehen, vereinfacht viele Überlegungen und ermöglicht Erkenntnisse, die mit deterministischen Methoden nicht realisierbar wären. Im folgenden Kapitel geht es darum, Zufall messbar zu machen und auch unter Ungewissheit zuverlässige Aussagen zu treffen.

Das Wichtigste in Kürze
- Optimierungsprobleme werden häufig in *stetig* und *diskret* eingeteilt.
- Das Gradientenverfahren findet Lösungen zu stetigen Optimierungsproblemen, indem es der Richtung der steilsten Steigung folgt.
- Beispiele für stetige Optimierungsprobleme sind das Finden von Gipfeln und Tälern in einem (nebligen) Gebirge und der richtigen Menge Kaffeepulver für eine Tasse Kaffee.

Zufall und Wahrscheinlichkeiten: Unsicherheit modellieren

Wirklich interessant wird es im Leben oft, wenn der Ausgang von Ereignissen im Vorfeld ungewiss ist. Wer würde sich ein Fußballspiel angucken, bei dem der Sieger bereits vor dem Spiel feststeht? Die Chancen der beiden Teams auf einen Sieg sind häufig unterschiedlich, aber gerade die unerwarteten Siege der Underdogs geben den Duellen ihren Reiz. Von 2005 bis 2021 sind der VfL Bochum und der FC Bayern München 13-mal in Pflichtspielen aufeinandergetroffen. Ergebnis waren 2 Unentschieden und 11 Siege der Bayern [11]. Daneben hatte der Kader des FC Bayern München in der Saison 2021/22 einen etwa 16-mal so hohen Marktwert wie die Mannschaft des VfL Bochum [12, 13]. Mit diesen Informationen würden wir eher auf einen Sieg der Bayern tippen. Doch bei der Partie am 12. Februar 2022 war das Ergebnis ein 4:2 Sieg für den VfL Bochum. Die Ungewissheit über den Ausgang der Partie führt jedes Wochenende hunderttausende Fußballfans in die Stadien und lässt sie auf einen Sieg ihrer Mannschaft hoffen.

Und auch Casinos leben von zufälligen Ausgängen der Spiele. Auch wenn klar ist, dass die Bank langfristig gewinnt, ist es nicht unmöglich, ein Casino mit mehr Geld zu verlassen, als man es betreten hat. Wenn alle Spieler im Casino immer verlieren würden, ginge sicher niemand mehr dort spielen. Auch hier ist es die Chance auf einen Gewinn, der die Spieler ins Casino lockt.

Doch nicht immer ist die Aufregung zufälliger Ereignisse erstrebenswert. Beispielsweise ist es oft angenehmer, die Langeweile zu ertragen, dass Züge pünktlich kommen, als die Frage, ob man eine Anschlussverbindung trotz Verspätung noch erreicht.

Bisher haben wir uns nur mit deterministischen Problemen und Fragestellungen auseinandergesetzt. Im Folgenden geht es darum, Zufall messbar zu machen und so auch unter Unsicherheit möglichst gute Entscheidungen zu treffen.

Das Wichtigste in Kürze
- Der Ausgang vieler Ereignisse ist ungewiss – sie sind zufällig und nicht deterministisch.
- Zufall und Ungewissheit machen Ereignisse spannender.
- Beispiele für zufallsabhängige Ereignisse sind sportliche Wettkämpfe, Glücksspiele und die Pünktlichkeit von Zügen.

Glücksspiele und Casinos – Wahrscheinlichkeiten

Schon als Kind haben mich Glücksspiele fasziniert. Durch eine Brettspielversion des Casino-Klassikers Roulette konnte ich recht früh eine Intuition für Wahrscheinlichkeiten unterschiedlicher Ereignisse entwickeln. Und mit meiner Faszination für Glücksspiele bin ich nicht allein.

Ein Großteil der modernen Wahrscheinlichkeitstheorie, die im Laufe der letzten Jahrhunderte entwickelt wurde, wurde motiviert durch Münzwürfe, Lotterien und andere klassische Glücksspiele. Diese Spiele haben klare, einfache Regeln und lassen sich dadurch leicht analysieren. Die gewonnenen Erkenntnisse können in allgemeine Konzepte übertragen und in anderen, komplexeren Situationen genutzt werden.

Der erste und vielleicht wichtigste Begriff bei dem Versuch, Zufall messbar zu machen, ist die *Wahrscheinlichkeit*. Wir können beispielsweise nicht mit Sicherheit wissen, ob es morgen regnet oder nicht. Wenn wir jedoch eine Gartenparty planen, sollten wir bei einer Regenwahrscheinlichkeit von 90 % andere Vorkehrungen treffen als bei einer Wahrscheinlichkeit von 10 %.

Das einfachste Beispiel für ein zufälliges Ereignis ist ein Münzwurf, bei dem das Ergebnis entweder Kopf oder Zahl ist. Wenn es sich um eine faire Münze handelt, die nicht manipuliert wurde, beträgt die Wahrscheinlichkeit für Kopf und Zahl jeweils 50 %. In der Mathematik wird die Wahrscheinlichkeit oft mit *P* abgekürzt, was sich von dem englischen Begriff *probability* ableitet. Die Kurzschreibweise für die Wahrscheinlichkeiten des Münzwurfs ist $P(\text{Kopf}) = 0{,}5$ bzw. $P(\text{Zahl}) = 0{,}5$.

Bei einem fairen, 6-seitigen Würfel ist die Wahrscheinlichkeit für jede Augenzahl von 1 bis 6 gleich groß und beträgt jeweils 1/6, also etwa 16,7 % – oder formal:

$$P(\text{Augenzahl} = 1) = P(\text{Augenzahl} = 2)$$
$$= \ldots = P(\text{Augenzahl} = 6) = \frac{1}{6}.$$

In unserem Alltag haben wir ein intuitives Verständnis von Wahrscheinlichkeiten entwickelt. In der Mathematik wird der Begriff formal über drei Eigenschaften definiert, die sich mit unseren Erfahrungen aus dem Alltag decken.

1. Die Wahrscheinlichkeit für ein Ereignis liegt zwischen 0 und 1 bzw. zwischen 0 % und 100 %. Ein zufälliges Ereignis, wie „Kopf" beim Münzwurf, kann weder eine negative Wahrscheinlichkeit noch eine Wahrscheinlichkeit über 100 % haben.
2. Wahrscheinlichkeiten für Ereignisse, die sich gegenseitig ausschließen, lassen sich addieren. Die Wahrscheinlichkeit, eine ungerade Zahl zu würfeln, also die Augenzahl 1, 3 oder 5, ist die Summe der einzelnen Wahrscheinlichkeiten (1/6 + 1/6 + 1/6 = 1/2) und beträgt damit 50 %. Wichtig ist hier jedoch, dass sich die Ereignisse gegenseitig ausschließen: Wenn die Augenzahl 1 ist, kann sie nicht 3 oder 5 sein. Wenn sich die Ereignisse nicht ausschließen, können sie nicht einfach addiert werden.

Die Wahrscheinlichkeit, eine Zahl kleiner als 4 (d. h. 1, 2 oder 3) zu würfeln, beträgt 50 %. Die Wahrscheinlichkeit, eine ungerade Zahl zu würfeln, beträgt ebenfalls 50 %. Die Wahrscheinlichkeit, eine ungerade Zahl oder eine Zahl kleiner als 4 zu würfeln, beträgt jedoch nicht 100 %, da sich die Ereignisse überschneiden (die Zahlen 1 und 3 sind ungerade und kleiner als 4).

3. Die gesamte Wahrscheinlichkeit aller einzelnen Ereignisse beträgt 100 %. Die Wahrscheinlichkeiten für Kopf und Zahl addieren sich ebenso zu 100 % wie die Wahrscheinlichkeiten der Augenzahlen beim Würfeln. Anders gesagt ist die Wahrscheinlichkeit, dass irgendein Ergebnis herauskommt, 100 %.

Mit dieser Definition lassen sich Wahrscheinlichkeiten quantifizieren und Zufall lässt sich somit messbar machen.

Im Folgenden können wir mit Wahrscheinlichkeiten rechnen, um möglichst gute Entscheidungen zu treffen. An dieser Stelle sei jedoch darauf hingewiesen, dass unsere qualitative Interpretation von Wahrscheinlichkeiten oft nicht mit der quantitativen Sichtweise der Mathematik übereinstimmt.

Wenn die Wahrscheinlichkeit, bei einem Gewinnspiel 1000 € zu gewinnen, 5 % beträgt, also einer von 20 Teilnehmern gewinnt, haben wir eine realistische Chance auf den Gewinn. Wenn wir an dem Gewinnspiel nicht teilnehmen, liegt die Gewinnwahrscheinlichkeit bei 0 %. Der Unterschied zwischen realistischer und gar keiner Chance ist qualitativ riesig und beträgt quantitativ 5 %. Wenn bei demselben Gewinnspiel die Gewinnwahrscheinlichkeit von 45 % auf 55 % steigt, wirkt der qualitative Unterschied unbedeutend, auch wenn er bei 10 % liegt. Je nach Kontext kann also eine Änderung von 5 % größer erscheinen als ein Unterschied von 10 %.

Die richtige Interpretation von Wahrscheinlichkeiten ist oft schwieriger, als es auf den ersten Blick erscheinen mag. Während im Herbst 2020 die ersten COVID-19-Impfstoffe zugelassen wurden und die Impfkampagne im Frühjahr 2021 an Fahrt gewann, gab es auch einige kritische Stimmen zur Impfung. Dabei wurde immer wieder auf Zahlen verwiesen, die absichtlich oder unabsichtlich falsch interpretiert wurden und ein verzerrtes Bild der Wirksamkeit und Sicherheit der Impfung widerspiegelten. Anhand des Beispiels von Schutzimpfungen lässt sich das Konzept der *bedingten Wahrscheinlichkeit* gut illustrieren.

Nehmen wir an, es gäbe die neue Krankheit Corona-100 und eine Schutzimpfung gegen ebendiese. In einer Zeitung lesen wir die Schlagzeile: „6 von 10 Infizierten sind geimpft!" Bedeutet dies, dass eine Impfung sogar zu einem erhöhten Infektionsrisiko führt, da mehr Infizierte geimpft als ungeimpft sind? Wie gut schützt die Impfung wirklich? Um diese Fragen beantworten zu können, müssen wir die

```
                    ┌──────────┐
                    │   100    │
                    │ Personen │
                    └──────────┘
                   /            \
          90 Geimpfte          10 Ungeimpfte
          /        \            /         \
  84 gesunde   6 infizierte  6 gesunde   4 infizierte
  Geimpfte     Geimpfte      Ungeimpfte  Ungeimpfte
```

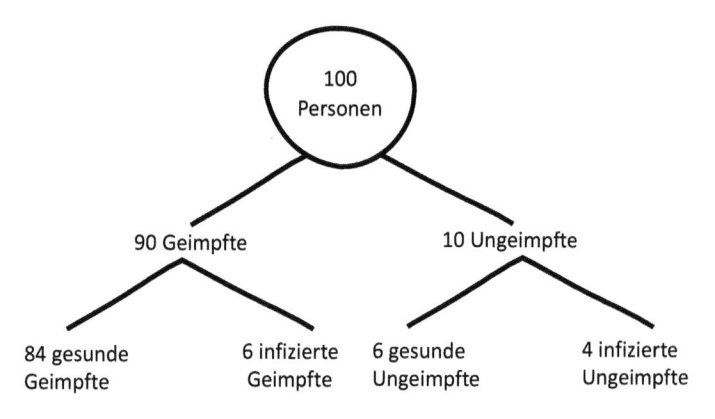

Abb. 8 Gesamtbevölkerung mit 100 Personen und Aufteilung in gesunde/infizierte und geimpfte/ungeimpfte Personen

Gesamtheit der (Un-)Geimpften kennen. Angenommen bei einer Bevölkerungsgröße von 100 sind 90 Personen geimpft und die restlichen 10 Personen nicht (vgl. Abb. 8).

Um eine Aussage über die Wirksamkeit der Schutzimpfung machen zu können, müssen wir den Anteil der Infizierten an allen geimpften Personen mit dem Anteil der Infizierten an allen ungeimpften Personen vergleichen. Damit ergibt sich für die Wahrscheinlichkeit, dass sich eine geimpfte Person infiziert: 6/90 = 6,67 %, und für die Wahrscheinlichkeit, dass sich eine ungeimpfte Person infiziert: 4/10 = 40 %. In diesem fiktiven Beispiel schützt die Impfung sehr gut vor Corona-100 und die Schlagzeile ist suggestiv und manipulierend.

Entscheidend sind im oberen Beispiel die Anteile der Infizierten an den geimpften bzw. ungeimpften Personen. Mathematisch entspricht dieser Anteil der *bedingten* Wahrscheinlichkeit, dass sich eine Person infiziert, die vorher (nicht) geimpft wurde.

Die Wahrscheinlichkeit von einem Ereignis E_1 *bedingt* auf ein anderes Ereignis E_2 ist definiert als $P(E_1 \text{ und } E_2)/P(E_2)$ und wird geschrieben als $P(E_1 \mid E_2)$. Dies entspricht der

Wahrscheinlichkeit, dass E_1 eintritt, wenn E_2 wahr ist. Im oberen Beispiel entspricht E_1 dem Ereignis einer Infektion und E_2 einer Impfung. Damit ist die bedingte Wahrscheinlichkeit, sich trotz Impfung zu infizieren, gegeben durch

$$P(\text{Infektion} \mid \text{Impfung}) = \frac{P(\text{Infektion und Impfung})}{P(\text{Impfung})}$$
$$= 6{,}67\ \%.$$

Die Wahrscheinlichkeit der Impfung entspricht dem Anteil der Geimpften, also P(Impfung) = 90/100 = 90 %, und die Wahrscheinlichkeit, sich trotz Impfung infiziert zu haben, entspricht P(Infektion und Impfung) = 6/100 = 6 %.

Bedingte Wahrscheinlichkeiten begegnen uns ständig im Alltag. Häufig interessieren uns dort nämlich Wahrscheinlichkeiten unter bestimmten Voraussetzungen. Wenn wir beispielsweise mit der Bahn fahren, interessiert uns nicht die allgemeine Wahrscheinlichkeit, einen Anschluss zu verpassen, sondern die konkrete Wahrscheinlichkeit, einen Anschluss zu verpassen, bedingt darauf, dass der Zug bereits 10 min Verspätung hat.

Bei einem Fußballspiel würden wir eher auf die Mannschaft setzen, die während der aktuellen Saison (bzw. in der Vergangenheit) erfolgreicher war und deren Sieg wahrscheinlicher ist. Wenn in der Nachspielzeit allerdings die andere Mannschaft 3:0 führt, ist die Wahrscheinlichkeit eines Sieges bedingt auf den aktuellen Spielstand kleiner, und wir würden eher auf eine Niederlage der vermeintlich stärkeren Mannschaft setzen.

Ein anderes wichtiges Beispiel betrifft das Justizsystem. Richter haben bei der Findung eines Strafmaßes für verurteilte Straftäter einen gewissen Ermessensspielraum. Bei ihrer Entscheidung müssen sie nicht die Wahrscheinlichkeit einer erneuten Straftat einschätzen, sondern die

Rückfallwahrscheinlichkeit eines Straftäters bedingt auf seine Historie und den Kontext der Tat. Dies ist keine einfache Aufgabe und birgt die Gefahr, dass Richter bestimmte Bevölkerungsgruppen basierend auf ihren Vorurteilen bewusst oder unbewusst diskriminieren und die bedingte Wahrscheinlichkeit falsch einschätzen.

Neben der bedingten Wahrscheinlichkeit spielt noch ein weiteres Konzept eine zentrale Rolle: die *Unabhängigkeit* von Ereignissen. Anschaulich gesprochen sind zwei Ereignisse E_1 und E_2 unabhängig voneinander, wenn das Eintreten des einen Ereignisses nicht im Zusammenhang mit dem anderen Ereignis steht. Beispielsweise hat das Ergebnis eines Münzwurfs keinen Einfluss auf das Ergebnis eines zweiten Münzwurfs. Genauso sind die Augenzahlen zweier Würfe eines Würfels voneinander unabhängig – die Wahrscheinlichkeit beim zweiten Mal eine 6 zu würfeln bleibt 1/6, unabhängig von der Augenzahl davor.

Mathematisch sind zwei Ereignisse E_1 und E_2 unabhängig, wenn die Wahrscheinlichkeiten *faktorisieren:* $P(E_1 \text{ und } E_2) = P(E_1) \cdot P(E_2)$, d. h., wenn die Wahrscheinlichkeit, dass beide Ereignisse eintreffen, dem Produkt der einzelnen Wahrscheinlichkeiten entspricht. Viele Glücksspiele sind Beispiele für unabhängige Ereignisse, wie Münzwürfe, Würfeln oder Roulette. Beim Roulette hat das Ergebnis der letzten Runde keinen Einfluss auf das nächste Ergebnis. Auch wenn viele Casinobesucher das Gefühl haben, nach einer langen Serie der einen Farbe (z. B. 10 × Schwarz) würde die Wahrscheinlichkeit für die andere Farbe steigen, bleiben die Wahrscheinlichkeiten für die beiden Farben Schwarz und Rot gleich groß.

Die beiden Konzepte der Unabhängigkeit und der bedingten Wahrscheinlichkeit beziehen sich auf zwei Ereignisse E_1 und E_2 und werden mit Hilfe der gemeinsamen Wahrscheinlichkeit $P(E_1 \text{ und } E_2)$ definiert. Durch diese Gemeinsamkeit lässt sich zeigen, dass $P(E_1|E_2) = P(E_1)$, also die bedingte Wahrscheinlichkeit der einfachen Wahrscheinlichkeit entspricht, falls die beiden Ereignisse voneinander unabhängig sind. Umgekehrt folgt aus $P(E_1|E_2) = P(E_1)$ die Unabhängigkeit der beiden Ereignisse, falls $P(E_2) > 0$. Die Rollen von E_1 und E_2 können hier auch vertauscht werden, also $P(E_2|E_1) = P(E_2)$, falls die beiden Ereignisse voneinander unabhängig sind.

Häufig ist die Unabhängigkeit von Ereignissen intuitiv nachvollziehbar. Beim zweimaligen Wurf einer Münze hat das Ergebnis des ersten Wurfs keinen Einfluss auf das Ergebnis des zweiten Wurfs. Manchmal führt uns unsere Intuition jedoch auf eine falsche Fährte. Wie bereits zuvor erwähnt, glauben viele Casinobesucher, dass mit jeder „schwarzen" Zahl die Wahrscheinlichkeit für eine „rote" Zahl steigt – ganz nach dem Glaubenssatz „irgendwann muss eine rote Zahl kommen". Doch wie sehen die Wahrscheinlichkeiten wirklich aus?

Der Einfachheit halber ignorieren wir die 0, sodass die Wahrscheinlichkeiten für die Farben Schwarz und Rot jeweils 50 % betragen. Die Wahrscheinlichkeit, dass 10 schwarze Zahlen hintereinander gezogen werden, lässt sich berechnen als $P(10 \times \text{Schwarz}) = 0{,}5^{10} \approx 0{,}1\,\%$, was äußerst unwahrscheinlich ist. Die bedingte Wahrscheinlichkeit für eine weitere schwarze Zahl nach 9 schwarzen Zahlen berechnet sich aufgrund der Unabhängigkeit als:

$$P(\text{„10. Zahl ist Schwarz"} \mid \text{„die letzten 9 Zahlen waren Schwarz"})$$
$$= P(\text{„10. Zahl ist Schwarz"})$$
$$= 50\,\%.$$

Der Unterschied ist subtil, aber entscheidend. Vor der ersten Ziehung ist die Wahrscheinlichkeit für 10 aufeinanderfolgende schwarze Zahlen klein (0,1 %). Bedingt darauf, dass bereits 9 Zahlen schwarz waren, ist die Wahrscheinlichkeit für eine 10. schwarze Zahl jedoch deutlich größer (50 %).

Wir haben bereits im Kapitel zu stabilen Matchings gesehen, dass proaktives Handeln zu besseren Ergebnissen für die Akteure führt als die bloße Reaktion auf gegebene Umstände. Mit dem Konzept der Wahrscheinlichkeit lässt sich die Frage beantworten, warum der Beitrag des Einzelnen zum Klimaschutz oder bei Wahlen einen Einfluss auf das Gesamtergebnis hat. Der Einfluss kleiner Aktionen, wie der Gang zur Wahlurne oder die Reise mit dem Zug statt dem Flugzeug, wird immer wahrscheinlicher, je öfter sie wiederholt werden.

Dies lässt sich anhand eines weniger abstrakten Beispiels besser verstehen. Wenn wir uns als ambitionierte Bewerber auf Stellen bewerben, für die wir momentan noch unterqualifiziert sind, ist die Aussicht auf Erfolg klein. Nehmen wir zum Beispiel an, die Wahrscheinlichkeit, trotzdem eingestellt zu werden, beträgt 2 % – die Wahrscheinlichkeit eines Misserfolgs ist damit 98 %. Wenn die Ausgänge der Bewerbungsverfahren unabhängig voneinander sind, liegt die Erfolgswahrscheinlichkeit bereits nach 15 Bewerbungen über 25 % und steigt bei 35 Bewerbungen auf über 50 % – und das trotz einer einzelnen Wahrscheinlichkeit von lediglich 2 %. Falls die Erfolgswahrscheinlichkeit stattdessen bei 5 % liegt, liegen die Erfolgswahrscheinlichkeiten nach 6, 14, bzw. 45 Bewerbungen jeweils über 25 %, 50 % und 90 %.

Auch wenn die Ausgänge von Bewerbungsverfahren nicht unabhängig voneinander sind, erklärt dieses Gedankenexperiment, weshalb es sinnvoll ist, bei der nächsten Jobsuche auch Stellen zu berücksichtigen, für die wir uns noch nicht bereit fühlen oder unsere Chancen klein einschätzen. Bei genug Bewerbungen wächst die Erfolgswahrscheinlichkeit rapide an.

Das Wichtigste in Kürze
- Unsicherheit und Zufall kann mit Wahrscheinlichkeiten modelliert werden.
- Bedingte Wahrscheinlichkeiten erlauben es, Vorwissen zu berücksichtigen.
- Beispiele für unabhängige Experimente, bei denen vergangene Ergebnisse keinen Einfluss auf die Zukunft haben, sind Roulette, Münzwürfe und viele weitere Glücksspiele.

Quantifizierung des Zufalls – Erwartungswerte

Während meines Studiums habe ich mich bei einer Initiative engagiert, die internationale Studierende an meiner Universität betreute. Ein wichtiger Bestandteil unserer Arbeit war die Planung und Durchführung von Veranstaltungen – von Länderabenden über Stadtführungen und sozialen Veranstaltungen bis zu Partys. Bei der Planung mussten wir unterschiedliche Dinge berücksichtigen. Beispielsweise haben wir darauf geachtet, keine kulturellen Veranstaltungen parallel zu Semesterstart-Partys zu veranstalten und die Orte so zu wählen, dass die Studierenden sie möglichst einfach zu Fuß oder mit öffentlichen Verkehrsmitteln erreichen konnten. Ein anderer wichtiger Punkt war das Wetter. Bei Veranstaltungen im Freien mussten wir die Wettervorhersage beobachten und mit einer Regenwahrscheinlichkeit von 90 % anders umgehen als bei einer Wahrscheinlichkeit von 5 %.

Die Wahrscheinlichkeit hilft uns, das Eintreten von zufälligen und unsicheren Ereignissen zu quantifizieren – in diesem Fall des Regens. Sie macht jedoch keine Aussage über die Intensität oder die Größenordnung des Ereignisses. Ein kurzer, sehr leichter Regenschauer, der mit einer hohen Wahrscheinlichkeit auftritt, ist weniger bedenklich als ein starkes Unwetter trotz niedrigerer Eintrittswahrscheinlichkeit.

Es gibt unterschiedliche Ansätze, um die Größenordnung von zufälligen Ereignissen besser einschätzen zu können. Das wichtigste Konzept ist der *Erwartungswert*, der interpretiert werden kann als das durchschnittliche Ergebnis bei (unendlich) vielen Wiederholungen eines Experiments. Formal wird der Erwartungswert definiert als der *Mittelwert* (bzw. Durchschnitt) aller möglichen Ergebnisse, gewichtet nach ihrer Eintrittswahrscheinlichkeit. Diese abstrakte Definition lässt sich anhand eines Beispiels leichter verdeutlichen.

Mit dem Fahrrad beträgt mein Arbeitsweg normalerweise etwa 20 min. Manchmal sind alle Ampeln grün und die Strecke ist frei, sodass ich etwas schneller ankomme. An anderen Tagen brauche ich für den Weg etwas länger, weil ich an jeder Ampel warten oder einen Umweg fahren muss, um Baustellen auf der Strecke zu umfahren. Angenommen in 50 % der Fälle brauche ich tatsächlich 20 min, in 30 % lediglich 19 min und in den restlichen 20 % ganze 27 min. Um wie viel Uhr sollte ich losfahren, wenn ich um 8 Uhr mit meiner Arbeit beginnen möchte? Sollte ich 20 min vorher losfahren, weil dies der normalen Fahrtzeit entspricht? Oder um 7:33 Uhr, damit ich im schlechtesten Fall trotzdem noch pünktlich ankomme? In allen anderen Fällen wäre ich dann jedoch einige Minuten früher da.

Glücklicherweise ist die Zeit meines Arbeitsbeginns flexibel, sodass es vollkommen ausreicht, wenn ich im Durchschnitt um 8 Uhr anfange, allerdings auch ein paar Minuten vorher oder später beginnen kann. Abhilfe verschafft hier der Erwartungswert der Fahrtzeit, der sich als gewichteter Mittelwert berechnet als:

$$E[\text{Fahrtzeit}] = 0,5 \cdot 20 \min + 0,3 \cdot 19 \min + 0,2 \cdot 27 \min$$
$$= 21,1 \min.$$

Obwohl ich in 80 % der Fälle 20 min oder weniger zur Arbeit brauche, liegt der Erwartungswert bei über 21 min. Damit ich im Durchschnitt pünktlich um 8 Uhr anfangen kann, sollte ich also etwas mehr als 21 min statt der üblichen 20 min einplanen.

Auch bei Glücksspielen kann der Erwartungswert berechnet werden. Beim Würfeln ergibt er sich, indem wir die Augenzahlen mit der gleichen Wahrscheinlichkeit 1/6 multiplizieren (oder *gewichten*) und die Produkte aufaddieren. Damit liegt der Erwartungswert bei

$$1 \cdot P(1) + 2 \cdot P(2) + \ldots + 6 \cdot P(6)$$
$$= 1 \cdot \frac{1}{6} + 2 \cdot \frac{1}{6} + \ldots + 6 \cdot \frac{1}{6} = 3{,}5.$$

An diesem Beispiel wird klar, dass die Bezeichnung Erwartungswert etwas irreführend sein kann, da wir beim Würfeln nicht die Augenzahl 3,5 erwarten, sondern dass der Durchschnitt über viele Beobachtungen nah bei 3,5 liegt. Wenn wir beispielsweise die Augenzahlen 1; 6; 1; 3; 5; 2; 2; 6; 5 und 5 würfeln, ist der Durchschnitt 3,6 und liegt damit schon nah am Erwartungswert. Wenn wir noch öfter würfeln, nähert sich der Durchschnitt dem Erwartungswert weiter an. Damit ist der Erwartungswert ein guter Anhaltspunkt für das durchschnittlich zu erwartende Ergebnis.

Wenn wir am Vortag einer geplanten Veranstaltung einen Wetterbericht wie in Tab. 4 finden, können wir die erwartete Niederschlagsmenge berechnen als

$$0{,}0 \cdot 0{,}65 + 0{,}1 \cdot 0{,}2 + 0{,}3 \cdot 0{,}1 + 0{,}5 \cdot 0{,}04 + 1{,}0 \cdot 0{,}01 = 0{,}08.$$

Tab. 4 Niederschlagsmenge in Litern pro m² mit gegebenen Wahrscheinlichkeiten

Niederschlagsmenge in l/m²	0,0	0,1	0,3	0,5	1,0
Wahrscheinlichkeit	65 %	20 %	10 %	4 %	1 %

Bei einer erwarteten Niederschlagsmenge von unter 0,1 Litern pro m² können wir bei unserer Planung Regen trotz hoher Wahrscheinlichkeit vernachlässigen.

Der Erwartungswert ist ein nützliches Werkzeug, um Glücksspiele zu bewerten und zu prüfen, ob diese fair sind. Das einfachste Glücksspiel ist ein Münzwurf mit den beiden gleichwahrscheinlichen Ereignissen Kopf und Zahl. Wie hoch ist ein fairer Einsatz, wenn wir bei Kopf einen Euro gewinnen und bei Zahl das Spiel verlieren? Bei einem Einsatz von 10 Cent würden sicher die meisten von uns mitspielen, weil die Gewinnwahrscheinlichkeit 50 % beträgt und der mögliche Gewinn deutlich höher als der Einsatz ist. Bei einem Einsatz von 90 Cent würden andererseits die wenigsten mitspielen.

Beim einfachen Münzwurf berechnet sich der Erwartungswert als:

$$E[\text{Spiel}] = 0{,}5 \cdot (1 \text{ €} - \text{Einsatz}) + 0{,}5 \cdot (0 \text{ €} - \text{Einsatz}).$$

Bei einem Einsatz von 10 Cent gilt

$$\begin{aligned}E[\text{Spiel}] &= 0{,}5 \cdot (1 \text{ €} - 0{,}1 \text{ €}) + 0{,}5 \cdot (0 \text{ €} - 0{,}1 \text{ €}) \\ &= 0{,}5 \cdot 0{,}9 \text{ €} - 0{,}5 \cdot 0{,}1 \text{ €} = 0{,}4 \text{ €}.\end{aligned}$$

Damit beträgt der Erwartungswert 40 Cent und ist positiv, wohingegen er bei einem Einsatz von 90 Cent lediglich -40 Cent beträgt und negativ ist. Ein positiver Erwartungswert gibt an, dass wir im Durchschnitt gewinnen, ein negativer, dass wir im Durchschnitt verlieren. Generell ist ein

Glücksspiel fair, wenn der Erwartungswert 0 ist und damit beide Spieler durchschnittlich gleich viel gewinnen und verlieren. Bei Glücksspielen im Casino oder Lotterien ist der Erwartungswert kleiner als null und damit gilt „die Bank gewinnt immer" – zumindest langfristig.

Doch der Erwartungswert kann auch in anderen Situationen als bei klassischen Glücksspielen genutzt werden, um mehrere Optionen zu vergleichen – zum Beispiel bei der Wahl der günstigsten Tankstelle. Angenommen wir haben die Wahl zwischen zwei Tankstellen im Umkreis. Die erste verkauft einen Liter Benzin für Preise zwischen 1,90 € und 2,00 €. Bei der zweiten gibt es Benzin für 1,80 € bis 1,95 €. Die Wahrscheinlichkeiten für die unterschiedlichen Preise sind in Tab. 5 gegeben. Anhand der Preisspannen, lässt sich vermuten, dass die zweite Tankstelle günstiger ist als die erste, aber bestätigt der Erwartungswert die Vermutung?

Mit den Preiswahrscheinlichkeiten ergibt sich für den Erwartungswert der ersten Tankstelle 1,91 €/Liter und für die zweite Tankstelle 1,92 €/Liter. Obwohl die Preisspanne der zweiten Tankstelle grundsätzlich niedriger ist, ist es durchschnittlich günstiger, bei der ersten Tankstelle zu tanken, weil die Wahrscheinlichkeit für günstigere Preise dort höher und der Erwartungswert dadurch niedriger ist.

* * *

Seit 2018 teile ich mir mit Freunden jedes Jahr ein Los der spanischen Weihnachtslotterie. Bereits mit dem Kauf des Loses beginnt unsere Vorfreude und wir spekulieren,

Tab. 5 Fiktive Benzinpreise an unterschiedlichen Tankstellen

Preis pro Liter in Euro	1,80	1,85	1,90	1,92	1,95	2,00
Tankstelle 1	–	–	80 %	10 %	5 %	5 %
Tankstelle 2	5 %	10 %	10 %	15 %	60 %	–

was wir mit dem Gewinn machen, wenn El Gordo (span. für „der Dicke") zuschlägt. Natürlich ist selbst die Fahrt nach Spanien geplant, damit wir den Hauptgewinn möglichst schnell abholen können. Am Tag der Ziehung treffen wir uns pünktlich zur Vorberichtserstattung, frühstücken gemeinsam und verfolgen die etwa viereinhalbstündige Ziehung.

Doch wie kommt es, dass eine Gruppe Mathematiker verrückt nach der spanischen Weihnachtslotterie ist? Wissen wir etwas, das andere nicht wissen? Oder haben wir uns einfach verrechnet?

Natürlich wissen wir, dass der Erwartungswert auch bei der spanischen Weihnachtslotterie negativ ist und am Ende der spanische Staat hunderte Millionen Euro einnimmt. Wir wissen auch, dass die Gewinnwahrscheinlichkeit verschwindend gering ist (1:100.000 für den Hauptgewinn). Doch die gesamte Ziehung, inklusive monatelanger Vorfreude, ist ein Erlebnis und hat sich bei uns zu einer Tradition entwickelt. Neben der emotionalen Komponente lässt sich die Teilnahme an der Lotterie jedoch auch mathematisch mit Hilfe des Erwartungswertes rechtfertigen.

Nehmen wir einfachheitshalber an, dass es nur den Hauptgewinn *El Gordo* in Höhe von 4 Mio. Euro gibt. In Wahrheit gibt es daneben noch 15.303 andere große und kleine Preise. Die Wahrscheinlichkeit, El Gordo zu gewinnen, ist 1/100.000, da jedem Los eine Nummer zwischen 0 und 99.999 zugeordnet ist und alle Zahlen mit gleicher Wahrscheinlichkeit gezogen werden. Ein ganzes Los kostet 200 € – deshalb ist es in Spanien eher üblich *décimos* (span. für Zehntellose) zu kaufen. Mit diesen Angaben können wir den Erwartungswert berechnen

$$E\left[Gewinn\right] = \frac{1}{100.000} \cdot 4.000.000 \text{ €} - 200 \text{ €}$$
$$= -160 \text{ €}.$$

Der Erwartungswert des Gewinns ist also negativ und im Durchschnitt gewinnt nur die Bank bzw. in diesem Fall der Staat. Doch die Frage, ob ich an einer Lotterie teilnehmen sollte, hängt nicht vom Gewinn ab, sondern vom Nutzen des Gewinns bzw. Verlusts. Wenn wir am 22. Dezember eines jeden Jahres El Gordo nicht gewinnen, haben wir zwar Geld verloren, dafür aber einen Tag mit Freunden verbracht. In Summe nehmen wir unseren Nutzen in diesem Fall als 0 an – was natürlich nicht ganz stimmt, denn Letzteres ist unbezahlbar. Wenn jedoch eines Tages unsere Losnummer mit dem Hauptgewinn gezogen würde, hätten wir einen sehr großen Nutzen. Für den erwarteten Nutzen gilt also

$$E[Nutzen] = \frac{1}{100.000} \cdot \text{„großer Nutzen"} + \frac{99.999}{100.000} \cdot 0$$
$$= \frac{\text{„großer Nutzen"}}{100.000},$$

was zwar klein, aber immerhin positiv ist.

Auf den ersten Blick mag es so wirken, als ob die obige Argumentation jegliches Glücksspiel uneingeschränkt rechtfertigen würde. Im Beispiel der Weihnachtslotterie ist der negative Nutzen des Verlusts vernachlässigbar, weil der Einsatz entsprechend klein ist (ein Los aufgeteilt auf mehrere Personen, einmal im Jahr). Dies ist aber bei häufigem Glücksspiel nicht der Fall, da die aufsummierten Verluste einen entsprechend großen negativen Nutzen haben.

Zusammengefasst lässt sich mathematisch rechtfertigen, sein Glück ab und zu herauszufordern.

Das Wichtigste in Kürze
- Der Erwartungswert ist ein Maß für das durchschnittliche Ergebnis eines zufälligen Ereignisses.
- Indem wir die Erwartungswerte verschiedener Alternativen vergleichen, können wir die beste Option herausfinden.
- Ein Beispiel für ein Glücksspiel mit negativem Erwartungswert und positivem erwarteten Nutzen ist die spanische Weihnachtslotterie.

Risikobewertung und zufällige Schwankungen – Varianz

Mit 18 Jahren habe ich angefangen, im Fitnessstudio zu trainieren. Schnell habe ich jede freie Minute beim Sport verbracht und mich mit Themen rund um Training, Ernährung und Regeneration beschäftigt. Mein Plan war einfach – ich wollte während des Studiums als Fitnesstrainer arbeiten. Damals schossen überall Discounter-Fitnessstudios aus dem Boden, die Mitgliedschaften für weniger als 20 € pro Monat anboten. Der einfachste Weg zum Trainer in einem dieser neuen Studios war eine Fitnesstrainer-B-Lizenz, die ich durch einen Fernlehrgang parallel zum Zivildienst erhielt. Nach meinem Zivildienst fing ich an, nebenberuflich in einem neu eröffneten Fitnessstudio zu arbeiten.

Nach einiger Zeit merkte ich, dass ich neben Studium und Tätigkeit als Fitnesstrainer noch zeitliche Kapazitäten hatte und fing an, unregelmäßig als Promoter im Rahmen von Werbeaktionen zu arbeiten. Da ich mich am Anfang für jede Promotionaktion bei unterschiedlichen Agenturen immer wieder neu bewerben musste, waren die Einkünfte schlecht planbar. Dafür war der Stundenlohn mit 10 bis 12 € (und teilweise 15 bis 20 €) deutlich höher als mein sicherer, planbarer Stundenlohn in Höhe von 7 € im Fitnessstudio. Konfrontiert mit diesen Zahlen stellte sich mir die Frage, ob ich weiter für den niedrigeren Lohn als Fitnesstrainer arbeiten wollte oder lieber den Schritt zum selbständigen Promoter wagen und das finanzielle Risiko eingehen sollte. Ich vermute, dass mein durchschnittliches Einkommen als Promoter höher liegen würde, konnte jedoch die Schwankungen nicht abschätzen. Natürlich spielten auch noch weitere Faktoren eine Rolle, aber letztlich ging ich das Risiko ein und wählte den Schritt zum selbständigen Promoter.

Doch was hat meine Geschichte und die Wahl zwischen fester Anstellung und Selbständigkeit mit Zufall und Unsicherheit zu tun? Manchmal macht Unsicherheit Ereignisse interessanter, wie beim Fußball oder Glücksspiel. In anderen Fällen wollen wir Zufall und damit einhergehende Risiken möglichst vermeiden, wie bei der Rechtsprechung. Oder würden Sie befürworten, dass Strafen von Richtern gewürfelt oder mit einem Glücksrad festgelegt werden? In diesen Szenarien sind die *Varianz* und die *Standardabweichung* nützlich, um das Risiko bzw. das Ausmaß des Zufalls zu quantifizieren.

Die Varianz ist ein Maß für die durchschnittliche Schwankung einer zufälligen Größe – genauer gesagt die durchschnittliche Abweichung vom Erwartungswert zum Quadrat. Zufallsabhängige Größen, wie beispielsweise der Benzinpreis, die Niederschlagsmenge oder die Fahrtzeit zur Arbeit, werden in der Mathematik als *Zufallsvariablen* bezeichnet. Für eine Zufallsvariable X mit Erwartungswert $E[X]$ wird die Varianz definiert als $Var(X) = E[(X - E[X])^2]$, dies entspricht der typischen Abweichung vom Erwartungswert zum Quadrat. Durch das Quadrat ist Ihre Interpretation jedoch schwierig. Die Standardabweichung ist definiert als Wurzel aus der Varianz und kann interpretiert werden als typische Schwankung um den Erwartungswert.

Tab. 6 Niederschlagsmenge in Litern pro m² mit gegebenen Wahrscheinlichkeiten

Niederschlagsmenge in l/m²	0,0	0,1	0,3	0,5	1,0
(Niederschlagsmenge −0,08)	−0,08	0,02	0,22	0,42	0,92
(Niederschlagsmenge −0,08)²	0,0064	0,0004	0,0484	0,1764	0,8464
Wahrscheinlichkeit	65 %	20 %	10 %	4 %	1 %

Wir können Tab. 4 um die *zentrierte* Niederschlagsmenge erweitern (d. h. die Niederschlagsmenge reduziert um den bereits berechneten Erwartungswert 0,08 l/m²) und diese zentrierte Niederschlagsmenge im Anschluss quadrieren. Damit ergeben sich die quadrierten Abweichungen vom Erwartungswert (Tab. 6).

Der Erwartungswert dieser quadrierten Abweichung berechnet sich nun als

$$0,0064 \cdot 0,65 + 0,0004 \cdot 0,2 + 0,0484 \cdot 0,1 + 0,1764 \cdot 0,04 + 0,8464 \cdot 0,01 = 0,0246.$$

Die Varianz der Niederschlagsmenge entspricht also 0,0246. Wie bereits erwähnt, ist diese Größe nur schlecht interpretierbar. Die Standardabweichung ergibt sich als $\sqrt{0,0246} \approx 0,16$. In dieser Größenordnung liegen typische Abweichungen vom Erwartungswert.

Ein anderes Szenario, in dem die Varianz helfen kann, bessere Entscheidungen zu treffen, ist beim Investieren von Geld. Die Varianz ist dabei ein Maß für das Anlagerisiko. Normalerweise gehen höhere mögliche Gewinne mit einem höheren Risiko einher. Angenommen wir haben die Möglichkeit in Rohstoffe, Aktienfonds oder Einzelaktien zu investieren, deren Rendite sich in den Szenarien 1 bis 4 unterschiedlich entwickelt (vgl. Tab. 7). Die Investition in Rohstoffe macht einen sicheren Gewinn von 1 %, die

Tab. 7 Hypothetische Anlagemöglichkeiten mit unterschiedlicher Wertentwicklung

Szenario	1	2	3	4
Eintrittswahrscheinlichkeit	20 %	40 %	30 %	10 %
Rohstoffe	1 %	1 %	1 %	1 %
Aktienfonds	8 %	5 %	3 %	-10 %
Einzelaktien	50 %	35 %	-30 %	-100 %

Aktienfonds machen mit hoher Wahrscheinlichkeit solide Gewinne, beinhalten aber auch eine moderate Wahrscheinlichkeit, Geld zu verlieren, und die Investition in Einzelaktien ist am spekulativsten, da mit nicht vernachlässigbarer Wahrscheinlichkeit ein (großer) Teil bzw. das komplette Vermögen verbraucht wird.

Um eine fundierte Anlageentscheidung zu treffen, können wir nun die Erwartungswerte der einzelnen Optionen berechnen. Der erwartete Gewinn bei einer Investition in Rohstoffe beträgt (wenig überraschend) 1 %. Für die Anlage in Aktienfonds ergibt sich ein Erwartungswert von 3,5 % und bei einer Investition in Einzelaktien beträgt der erwartete Gewinn ganze 5 %. Wenn wir nun lediglich basierend auf dem Erwartungswert eine Entscheidung treffen würden, wäre die einzig vernünftige Entscheidung eine Investition in Einzelaktien.

Im besten Fall erzielen wir mit dieser Strategie gute Gewinne – die Wahrscheinlichkeit dafür ist mit 60 % auch relativ groß. Sollten allerdings die Szenarien 3 oder 4 eintreffen, deren Eintrittswahrscheinlichkeit immerhin 40 % beträgt, verlieren wir entweder 30 % des investierten Vermögens oder – im schlechtesten Fall – sogar alles. Um das Risiko der Anlageoptionen zu vergleichen, können wir neben dem Erwartungswert auch die Standardabweichung als Maß zur Entscheidungsfindung heranziehen. Es ergeben sich die folgenden Standardabweichungen:

Anlage	Rohstoffe	Aktienfonds	Einzelaktien
Standardabweichung in %	0,0	4,8	47,3

Die Möglichkeit, mit einer Investition in Rohstoffe Geld zu verlieren, ist ausgeschlossen und der mögliche Gewinn fest. Das Risiko bei einer Investition in Aktienfonds ist überschaubar und die Standardabweichung, also die typische Abweichung vom Erwartungswert, beträgt 4,8 %. Die Standardabweichung der Rendite bei einer Investition in Einzelaktien ist mit 47,3 % etwa zehnmal so groß wie bei der konservativeren Investition in Aktienfonds.

Wer kein Risiko eingehen möchte, sollte in diesem Beispiel in Rohstoffe investieren. Für Anleger, die etwas risikofreudiger sind und die Chance auf moderate Gewinne haben wollen, bietet sich eine Investition in Aktienfonds an. Anleger, denen jegliches Risiko egal ist und die Möglichkeit erheblicher Verluste in Kauf nehmen wollen, haben die Möglichkeit, mit einer Investition in Einzelaktien überdurchschnittliche Gewinne zu erzielen.

Hätten wir für die Analyse der Anlagemöglichkeiten nur den Erwartungswert benutzt, wären wir möglicherweise von hohen Verlusten überrascht worden. Mit der Varianz bzw. der Standardabweichung erhalten wir ein aussagekräftigeres Bild der unterschiedlichen Optionen. Letztlich sollte sich jeder Anleger dem Ausmaß der Risiken bewusst sein und nur persönlich vertretbare Risiken eingehen.

Das Wichtigste in Kürze
- Zufallsabhängige Größen werden auch als Zufallsvariablen bezeichnet.
- Streuungsmaße quantifizieren typische Abweichungen vom Erwartungswert und können zur Risikoabschätzung genutzt werden.
- Beispiele für Streuungsmaße sind die Varianz und die Standardabweichung.

Wie viele Getränke brauchen wir? – Schätzer und Konfidenzbereiche

In den Jahren von 2011 bis 2021 bin ich, bedingt durch mein Studium und mehrere Auslandsaufenthalte, 11-mal umgezogen – also durchschnittlich einmal pro Jahr. Diese Umzüge waren manchmal mit mehr, manchmal mit weniger Arbeit verbunden. Von einem Umzug mit zwei Koffern per Taxi in Barcelona bis zu mehreren Fahrten mit einem großen Kastenwaagen in Bochum war vieles dabei. Eins hatten die Umzüge jedoch gemeinsam – ob in WGs oder nicht: Danach gab es Einweihungspartys. Zu unterschiedlichen Zeiten waren diese Partys unterschiedlich groß. Manche waren kleiner, mit einer Handvoll Freunden, andere waren größer, mit 50 bis 60 Personen in einer neu gegründeten WG. Doch bei der Vorbereitung stellte sich immer wieder dieselbe Frage: Wie viele Getränke brauchen wir?

Zu wenig Getränke und die Gäste wären unzufrieden (zumindest habe ich mir das damals eingeredet), zu viele Getränke und ich hätte einen Vorrat, den ich bis zu meinem nächsten Umzug nicht aufbrauchen würde. Wie viele Getränke sollte ich also für die Party besorgen? Die Antwort auf diese Frage hing von zwei Größen ab: der Anzahl der Gäste und der Menge der Getränke, die jeder Gast konsumieren würde. Da beide Größen im Vorfeld unbekannt waren, musste ich mein Bestes geben, sie zu schätzen.

Angenommen ich würde eine Party planen und möchte die Anzahl der Gäste schätzen, die tatsächlich kommen, wenn ich 10 Personen einlade. Glücklicherweise kann ich Erfahrungen aus den letzten Jahren als Anhaltspunkt für diese Schätzung nutzen (vgl. Tab. 8).

Da die Anzahl der eingeladenen Gäste in der Vergangenheit immer variiert hat, ist es sinnvoll, zunächst den Anteil

Tab. 8 Anzahl der eingeladenen und erschienenen Gäste für unterschiedliche Partys

Anzahl Einladungen	8	12	6	20	50	18	8	15
Anzahl Gäste	5	8	5	16	38	16	8	12

der Gäste zu berechnen, die jeweils erschienen sind. Aus Tab. 8 erhalten wir die Anteile 62,5 %, 66,7 %, 83,3 %, 80 %, 76 %, 88,9 %, 100 % und 80 %, was einem Durchschnitt von 79,7 % entspricht. Im Durchschnitt sagen also etwa 20 % der Gäste ab. Bei 10 eingeladenen Gästen ist deshalb mit 8 Zusagen zu rechnen.

Entsprechend könnte ich ausgehend von den Getränken der letzten Jahre berechnen, wie viel ein durchschnittlicher Gast konsumiert, und den Wert mit 9 multiplizieren (8 Gäste + 1 Gastgeber), um eine Schätzung für die benötigten Getränke zu erhalten.

In der Mathematik ist ein *Schätzer* nichts anderes als eine Zufallsvariable, d. h. eine zufällige Größe, die von einer *Stichprobe* abhängt. Im oberen Beispiel bilden die Anteile der Zusagen die Stichprobe und der Schätzer ist gegeben durch den Durchschnitt über alle Anteile.

Im Alltag schätzen wir ständig unbekannte Größen, wie den Wochenbedarf an Müsli basierend auf dem Verbrauch der letzten Wochen. Im Einzelhandel wird die Anzahl der Kunden geschätzt, um das Personal entsprechend einzuplanen. Veranstalter von Großveranstaltungen, wie Konzerten oder Fußballspielen, schätzen die Besucherzahlen, um einen möglichst reibungslosen Ablauf zu gewährleisten. Dabei können neben den Besucherzahlen der letzten Veranstaltungen auch andere Größen einen Einfluss haben, wie beispielsweise das Wetter, die Jahreszeit, der Bekanntheitsgrad der Bands bei Konzerten bzw. der Gegner bei Fußballspielen.

In all diesen Beispielen schätzen wir Erwartungswerte, wie die erwartete Zahl der Gäste, der erwartete Getränkekonsum oder die erwartete Besucherzahl. Ein geeigneter Schätzer für den Erwartungswert einer zufallsabhängigen Größe ist der Durchschnitt über die Beobachtungen. Dies ist insbesondere dann eine sinnvolle Vorgehensweise, wenn die zu schätzende Größe viele unterschiedliche Werte annehmen kann, wie im Fall der zu erwartenden Gäste.

In manchen Fällen kann die zu schätzende Größe jedoch nur zwei Werte annehmen, indem ein Ereignis eintritt oder eben nicht. In diesen Fällen kann der Erwartungswert direkt über die Eintrittswahrscheinlichkeit geschätzt werden. Falls ich beispielsweise auf einem Parkplatz parken möchte, für den ich einen Parkschein brauche, habe ich zwei Möglichkeiten: Entweder ich ziehe einen Parkschein und bin auf der rechtlich sicheren Seite, oder ich gehe das Risiko ein, beim Parken ohne Parkschein erwischt zu werden und ein Bußgeld zahlen zu müssen. Für welche Option sollte ich mich (unter rein ökonomischen Gesichtspunkten) entscheiden, wenn ein Parkschein 2 € kostet und das Bußgeld bei 20 € liegt? Wir können versuchen, die Erwartungswerte der beiden Optionen zu vergleichen, und die günstigere Option wählen. Der Erwartungswert im ersten Fall liegt bei 2 €, da diese beim Kauf des Parkscheins fällig werden. Da wir die Wahrscheinlichkeit, kontrolliert zu werden, nicht kennen, können wir den Erwartungswert der zweiten Option nicht direkt berechnen. Wir können jedoch versuchen, diese Wahrscheinlichkeit zu schätzen, und basierend auf der geschätzten Wahrscheinlichkeit den Erwartungswert von Option 2 schätzen.

Angenommen ich hätte bereits 50-mal ohne Parkschein geparkt und wäre 6-mal erwischt worden, dann könnten wir die Wahrscheinlichkeit einer Kontrolle auf 6/50 = 12 % und den Erwartungswert auf $0{,}88 \cdot 0\,€ + 0{,}12 \cdot 20\,€ = 2{,}40\,€$ schätzen. Damit ist es durchschnittlich günstiger, moralisch und rechtlich korrekt zu handeln und einen Parkschein zu ziehen.

Häufig entspricht der Schätzer nicht dem tatsächlich eingetretenen Ergebnis. Wenn wir beispielsweise die Zahl der Stadionbesucher auf 25.000 schätzen, ist es sehr wahrscheinlich, dass nicht genau 25.000 Besucher kommen, sondern möglicherweise 24.990 oder 25.010. Aber selbst wenn der Schätzer nicht mit der tatsächlichen Zahl übereinstimmt, reicht es uns häufig, wenn er gut genug ist. Ein sinnvoller Schätzer sollte zwei Eigenschaften erfüllen.

Die erste Eigenschaft ist die *Konsistenz* eines Schätzers: Je größer die Stichprobe ist, desto besser sollte der Schätzer sein. Wenn wir die Zuschauerzahl eines Fußballspiels basierend auf den Daten der gesamten letzten Saison schätzen, sollte der Schätzer zuverlässiger sein als ein Schätzer, der auf lediglich drei Spieltagen beruht.

Außerdem sollte der Schätzer nicht *verzerrt* sein. Wenn wir die Zuschauerzahlen für mehrere Fußballspiele schätzen, werden wir manchmal über und manchmal unter dem wahren Wert liegen. Mit einem guten Schätzer sollten wir jedoch im Durchschnitt richtig liegen – andernfalls ist der Schätzer verzerrt.

* * *

Während meiner Zeit als wissenschaftlicher Mitarbeiter war ich viel unterwegs – bei Konferenzen, Workshops und Seminaren. Meistens habe ich dabei auf öffentliche Verkehrsmittel gesetzt, also auf Bus, Bahn oder Flugzeug. Eine entscheidende Frage bei der Reiseplanung war immer, wie viel Zeit ich für den Weg zum Bahnhof bzw. Flughafen einplanen sollte. Wenn ich zu viel Zeit einplanen würde, würde ich unnötig lang auf meine Weiterreise warten. Wenn ich andererseits zu wenig Zeit einplanen würde und etwas Unvorhergesehenes passiert, würde ich möglicherweise den Anschluss verpassen.

Einen ersten Anhaltspunkt für meine Zeitplanung liefert der Erwartungswert der Fahrtzeit. Wenn ich beispielsweise bereits 10-mal mit dem Zug zum Flughafen gefahren bin und dafür durchschnittlich eine halbe Stunde gebraucht habe, könnte ich wieder 30 min für die Fahrt einplanen.

Allerdings liefert der Durchschnitt als Schätzer für den Erwartungswert nur einen Teil der Wahrheit. Möglicherweise ist die planmäßige Fahrtzeit 25 min und es gab einmal technische Schwierigkeiten bei der Bahn, sodass ich stattdessen 75 min lang unterwegs war. Sollte ich mich also zukünftig auf das Worst-Case-Szenario vorbereiten und mehrere Stunden Puffer einplanen oder mit einem minimalen Puffer das Risiko eingehen, zu spät am Flughafen anzukommen?

Abhilfe verschaffen sogenannte *Konfidenzintervalle*, die jeweils eine untere und eine obere Grenze für die Fahrtzeit angeben, sodass die wahre Fahrtzeit mit einer gegebenen Wahrscheinlichkeit zwischen diesen Grenzen liegt. Möglicherweise dauern 5 % der Fahrten weniger als 20 min und 5 % der Fahrten länger als eine Stunde. Damit ist der Zeitraum zwischen 20 und 60 min ein 90 %-Konfidenzintervall für die Fahrtzeit, weil sie in 90 % der Fälle zwischen den beiden Grenzen liegt.

Je niedriger die Wahrscheinlichkeit eines Konfidenzintervalls, desto kleiner ist es, je größer die Wahrscheinlichkeit, desto größer ist das Intervall. Ein 50 %-Konfidenzintervall ist beispielsweise gegeben durch den Zeitraum zwischen 22 und 45 min, falls jeweils 25 % der Fahrten kürzer als 22 und länger als 45 min sind. Abb. 9 verdeutlicht dieses Konzept. Wenn ich also sichergehen möchte, dass ich zumindest in 95 % der Fälle mein Flugzeug erwische, sollte ich 60 min Fahrtzeit einplanen.

Auch wenn es wenig verlockend klingt, das Flugzeug in 5 % der Fälle zu verpassen, können wir die Wahrscheinlichkeit nur verringern, aber nicht völlig ausschließen. Auch

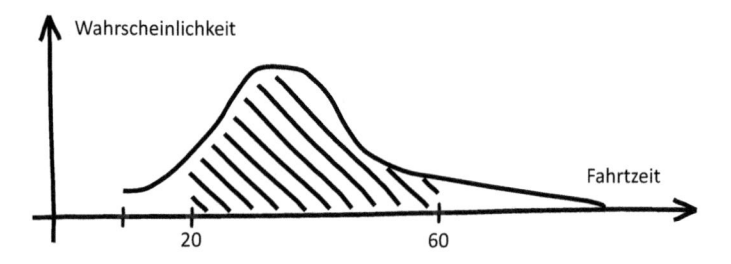

Abb. 9 Verteilung der Fahrtzeiten. Das Intervall von 20 bis 60 min bildet das 90 %-Konfidenzintervall, d. h., 5 % der Fahrten dauern jeweils kürzer als 20 min bzw. länger als 60 min

wenn wir uns zwei Tage vorher auf den Weg machen, verpassen wir den Flug möglicherweise wegen Lokführerstreiks, Unfällen, technischen Defekten oder Naturkatastrophen. Da solche Ereignisse jedoch recht unwahrscheinlich sind, können wir sie vernachlässigen und die Fahrtzeit so planen, dass wir in 95 bis 99 % der Fälle pünktlich ankommen.

Letztendlich habe ich auch bei der Partyplanung Konfidenzintervalle zur Hilfe genommen, um die Menge der benötigten Getränke abzuschätzen. Mein Ziel war es nicht, für jedes erdenkliche Szenario genügend Getränke zu haben – beispielsweise für den Fall, dass deutlich mehr Gäste kommen als sich angekündigt haben –, sondern gerade so viele Getränke vorrätig zu haben, dass diese mit sehr hoher Wahrscheinlichkeit ausreichen (immerhin gab es die Möglichkeit, kurzfristig mehr Getränke zu beschaffen).

Neben den mehr oder weniger offensichtlichen Beispielen verstecken sich Schätzer auch an anderen Stellen im Alltag, z. B. in Technologien, die wir täglich nutzen. Eines dieser Beispiele sind Sprachmodelle, die uns das Tippen mit dem Smartphone erleichtern, indem sie versuchen, das nächste Wort vorherzusagen.

Bevor Sprachmodelle wie ChatGPT, die auf *künstlichen neuronalen Netzen* basieren, ihren Weg in die breite Öffentlichkeit fanden, basierten Sprachmodelle oft auf sogenannten *n-Grammen*. Dabei werden Texte in Gruppen n aufeinanderfolgender Wörter eingeteilt. Aus dem Satz „Sprachmodelle erleichtern uns das Tippen mit dem Smartphone" können beispielsweise (für $n = 4$) die folgenden fünf 4-Gramme gebildet werden:

- (Sprachmodelle, erleichtern, uns, das)
- (erleichtern, uns, das, Tippen)
- (uns, das, Tippen, mit)
- (das, Tippen, mit, dem)
- (Tippen, mit, dem, Smartphone)

Wenn wir dieses Vorgehen auf einen langen Text wie einen Roman oder dieses Buch anwenden, erhalten wir sehr viele 4-Gramme. Basierend auf diesen 4-Grammen kann dann die Wahrscheinlichkeit geschätzt werden, dass ein viertes Wort auf die ersten drei Worte folgt. Wenn in den Daten beispielsweise 5-mal das 4-Gramm (Tippen, mit, dem, Smartphone) und 3-mal das 4-Gramm (Tippen, mit, dem, Handy) vorkommt, können wir die bedingte Wahrscheinlichkeit P(4. Wort ist „Smartphone" | Erste drei Worte sind „Tippen, mit, dem") auf 5/8 = 62,5 % schätzen. Damit ist „Smartphone" die wahrscheinlichste Wahl nach den Worten „Tippen mit dem".

„Moderne Sprachmodelle sind in der Tat so zuverlässig, dass sie verwendet werden können, um einen starken verallgemeinerbaren Rahmen für die Vorhersage menschlichen Verhaltens und menschlicher Sprache bereitzustellen. Sie sind jedoch immer noch nicht ausreichend für die Modellierung natürlicher Sprachen und anderer Domänen höherer Ordnung wie Physik, Ingenieurwesen, Finanzen, Wirtschaft und Biologie." (GPT-2)[1]

Das obere Zitat zeigt auf beeindruckende Weise, wie gut moderne Sprachmodelle das nächste plausible Wort vorhersagen. Das 2019 von OpenAI veröffentlichte Sprachmodell GPT-2 hat den Text basierend auf der Eingabe „Moderne Sprachmodelle sind in der Tat so zuverlässig, dass" erzeugt. Auch wenn der Wahrheitsgehalt des Inhalts fragwürdig ist, könnte der Text genauso gut von einem Menschen geschrieben worden sein.

Genauer gesagt waren bei der Erstellung des deutschen Textes zwei Modelle beteiligt. Neben dem Sprachmodell GPT-2, das englische Texte erzeugt, wurde das englische Original mit dem Google Translator ins Deutsche übersetzt. Auch beim Übersetzen wird – vereinfacht gesagt – für jedes Wort die passendste Übersetzung geschätzt.

Seit der Veröffentlichung von GPT-2 hat sich, insbesondere durch die Verbreitung von ChatGPT im Bereich der Sprachmodelle viel getan. GPT-3.5, ein Nachfolger von GPT-2, kann auch deutsche Texte generieren und ergänzt den Satzanfang mit einem sinnvolleren Inhalt:

„Moderne Sprachmodelle sind in der Tat so zuverlässig, dass sie komplexe Sprachmuster verstehen, kontextsensitive Informationen verarbeiten und menschenähnliche Texte generieren können, was eine Vielzahl von Anwendungen in

---

[1] Der englische Text (s. u.) wurde basierend auf der Eingabe „Modern language models are indeed so reliable that" von dem Modell GPT-2 (zur Verfügung gestellt von Hugging Face, Inc.) erstellt und anschließend mit dem Google-Übersetzer ins Deutsche übersetzt.

Generierter Text: „Modern language models are indeed so reliable that they can be used to provide a strong generalizable framework for the prediction of human behavior and language. However, they are still not adequate for modeling natural languages and other higher-order domains such as physics, engineering, finance, economics and biology."

Bereichen wie maschinelles Übersetzen, Textverständnis, Chatbots und kreative Texterstellung ermöglicht." (GPT-3)

Andere Schätzer begegnen uns bei Navigationssystemen, die die Fahrtzeit schätzen, und sogenannten Empfehlungsdiensten, die schätzen, welche Inhalte uns interessieren könnten und uns darauf basierend bei Video-Plattformen oder Streamingdiensten neue Inhalte vorschlagen.

Das Wichtigste in Kürze
- Schätzer sind hilfreich, um ein Gefühl für die Größenordnung von Zufallsvariablen zu erhalten.
- Konfidenzintervalle geben einen Bereich an, in dem eine Zufallsvariable mit hoher Wahrscheinlichkeit liegt.
- Ein Beispiel für Schätzer, die wir täglich nutzen, sind Sprachmodelle wie ChatGPT.

Welche Mannschaft ist besser? – Hypothesentests

Einmal in der Woche steht der Wocheneinkauf vor der Tür. Es gibt viele Dinge, die mich interessieren und mir Spaß machen – einkaufen gehört nicht dazu. Deshalb versuche ich, den Einkauf möglichst effizient zu gestalten, habe den Weg optimiert und sortiere den Einkaufszettel. Ein weiteres Kriterium, um beim Einkauf möglichst viel Zeit zu sparen, sind der Wochentag und die Uhrzeit des Einkaufs. Da ich unter der Woche tagsüber arbeite, bleiben mir nur die Abende und der Samstag, also die Zeiten, zu denen die meisten Menschen einkaufen gehen. Generell finde ich es angenehmer in einem leeren, statt einem vollen Geschäft einzukaufen – die Dauer des Einkaufs bis zur Kasse ist jedoch in beiden Fällen ähnlich lang. Die Gesamtdauer des Einkaufs hängt also vor allem von der Wartezeit an der Kasse ab.

Nach meiner Erfahrung ist es abends am Anfang der Woche in den Geschäften leerer und wird zum Wochenende, besonders freitagabends und samstags voller. Dieser Effekt wird bei der Personalplanung berücksichtigt und zu Stoßzeiten werden mehr Kassen geöffnet als zu ruhigeren Zeiten. Die Frage ist also, ob es besser ist, zu Stoßzeiten einzukaufen, wenn viele Kassen geöffnet sind, oder in einem relativ leeren Geschäft einzukaufen, in dem jedoch nur wenige Kassen besetzt sind.

Ein erster Ansatz, um diese Frage zu beantworten, ist es, die Erwartungswerte der Wartezeit zu schätzen und uns für den Zeitpunkt mit der niedrigeren erwarteten Wartezeit zu entscheiden. Angenommen wir wären in den letzten Monaten mittwochs und samstags einkaufen gegangen und hätten mittwochs jeweils 2, 7, 5, 4, 1 und 8 min und samstags 2, 9, 6, 4, 0, 5 min warten müssen. Für den Mittwoch ergibt sich damit ein Durchschnitt von 4 min und 30 s und für den Samstag 4 min und 20 s. Damit ist – basierend auf dem geschätzten Erwartungswert – Samstag der bessere Tag für den Wocheneinkauf.

Der Unterschied zwischen den beiden geschätzten Erwartungswerten beträgt lediglich 10 s und die Stichprobengröße ist klein, da wir jeweils nur 6 Werte berücksichtigt haben. Vielleicht mussten wir an einem Samstag nicht warten, weil eine weitere Kasse geöffnet wurde. Hätten wir an diesem Tag stattdessen 2 min warten müssen, würde die durchschnittliche Wartezeit samstags 4 min und 40 s betragen und wäre damit höher als mittwochs.

Bei einem einfachen Vergleich der (geschätzten) Erwartungswerte berücksichtigen wir weder die Streuung des Schätzers – ein guter Schätzer ist nur im Durchschnitt richtig – noch die Größe des Unterschieds zwischen den beiden Erwartungswerten. Abhilfe verschaffen hier *statistische Tests*. Ein statistischer Test ist eine Entscheidungsregel, bei der eine Hypothese (die sogenannte *Nullhypothese*) überprüft wird. Beispielsweise könnte die Nullhypothese lauten, dass die Wartezeiten an der Kasse mittwochs und samstags gleich sind. Unter der *Alternative*, d. h., wenn die Nullhypothese nicht gilt, sind die Wartezeiten mittwochs und samstags nicht gleich. In diesem Fall sollten wir den Tag mit dem niedrigeren (geschätzten) Erwartungswert wählen.

Ein statistischer Test kann mit einem Gerichtsverfahren verglichen werden. Es gilt so lange die Unschuldsvermutung (also die Nullhypothese), bis es ausreichend Indizien gibt, die für die Schuld sprechen (also gegen die Nullhypothese). Falls es nicht ausreichende Beweise gegen die Nullhypothese gibt, wird sie akzeptiert. Falls die zeitliche Differenz der geschätzten Wartezeiten lediglich 10 s beträgt, ist die Aussagekraft gegen die Nullhypothese schwach und wir können sie nicht ablehnen. Würde der Unterschied 5 min betragen, würden die Indizien gegen die Nullhypothese sprechen und wir würden sie ablehnen. In diesem Fall wäre der Unterschied von 5 min *signifikant*, also so groß, dass es sich mit hoher Wahrscheinlichkeit nicht nur um eine zufällige Schwankung handelt.

Ein statistischer Test für die Nullhypothese, dass die Wartezeit an beiden Tagen gleich ist, prüft nun, ob die zeitliche Differenz der geschätzten Wartezeiten größer oder kleiner als ein kritischer Wert ist. Im ersten Fall sprechen die Daten gegen die Nullhypothese und sie wird abgelehnt, im zweiten Fall sprechen die Daten nicht ausreichend stark gegen die Nullhypothese, sodass sie akzeptiert wird. Je nachdem, welcher konkrete Test genutzt wird, hängt der kritische Wert von der Verteilung der Werte und ihrer (geschätzten) Varianz ab und kann explizit berechnet werden.

Mit statistischen Tests können Annahmen überprüft werden, beispielsweise die Annahme, dass ein Würfel fair ist. Falls der Würfel fair ist, sollten bei vielen Würfen alle Augenzahlen ungefähr gleich oft vorkommen. Wenn eine

Augenzahl hiervon abweicht und deutlich häufiger oder seltener vorkommt, muss die Annahme, der Würfel sei fair, verworfen werden.

Auch Firmen setzen auf statistische Tests und so waren wir heute möglicherweise bereits unbewusst Probanden in einem Versuch. Bevor große Firmen ihre Websites ändern, werden die Auswirkungen der Änderung zunächst bei einem kleinen Teil der Nutzer, der sogenannten *Experimentalgruppe*, untersucht und mit dem Verhalten der restlichen Nutzer (der *Kontrollgruppe*) verglichen. Beispielsweise könnte das Design von YouTube geändert werden, mit dem Ziel, die Nutzer länger auf der Website zu halten. Die Nullhypothese wäre in diesem Fall, dass das Verhalten der Nutzer nicht von dem Design abhängt, und wird erst dann abgelehnt, wenn ausreichend viel dagegenspricht. Wenn die Nullhypothese abgelehnt wird, gibt es einen signifikanten Unterschied zwischen den Designs und das Design mit der längeren erwarteten Nutzungsdauer würde langfristig genutzt.

Diese Tests sind für Unternehmen höchst relevant. Amazon hatte im Jahr 2021 beispielsweise einen Umsatz von 469,8 Mrd. US-Dollar [14], was einem Umsatz von durchschnittlich mehr als einer Milliarde US-Dollar pro Tag entspricht. Wenn ein neues, ansprechenderes Design zu einer Erhöhung des Umsatzes um lediglich 1 % führt, entspricht das 10 Mio. US-Dollar mehr pro Tag. Wenn das Design jedoch schlechter ist, sinkt der Umsatz möglicherweise um 1 %, was ebenfalls täglich 10 Mio. US-Dollar entspricht. Amazon hat also ein starkes Interesse, vorher zu testen, wie sich ein neues Design auf das Nutzerverhalten auswirkt.

Grundsätzlich gibt es bei statistischen Tests vier mögliche Szenarien (vgl. Tab. 9). Im Idealfall entscheidet sich der statistische Test für die wahre Hypothese – also die Nullhypothese oder die Alternative. Es kann allerdings auch zu zwei Fehlern kommen. Falls die Nullhypothese gilt und der Test

Tab. 9 Mögliche Ergebnisse eines statistischen Tests

	Die Nullhypothese ist wahr	Die Alternative ist wahr
Der Test wählt die Nullhypothese	✓ Richtige Entscheidung	✗ Fehler 2. Art
Der Test wählt die Alternative	✗ Fehler 1. Art	✓ Richtige Entscheidung

diese ablehnt, entsteht ein *Fehler 1. Art*. Wenn andererseits die Alternative wahr ist, jedoch nicht genügend Indizien gegen die Nullhypothese sprechen und sie nicht abgelehnt wird, kommt es zu einem *Fehler 2. Art*. Bei guten statistischen Tests sind die Wahrscheinlichkeiten für Fehler 1. und 2. Art klein. Allerdings können die beiden Fehlerwahrscheinlichkeiten nicht gleichzeitig minimiert werden, da eine Verminderung der Wahrscheinlichkeit einer Fehlerart die andere Fehlerart wahrscheinlicher macht.

Wenn wir die Wahrscheinlichkeit für einen Fehler 1. Art reduzieren wollen, muss der Test sich häufiger für die Nullhypothese entscheiden. In diesem Fall wird er die Nullhypothese auch unter der Alternative häufiger akzeptieren und dadurch mehr Fehler 2. Art machen.

Abhängig von den zu prüfenden Hypothesen hat eine Fehlerart häufig gravierendere Konsequenzen als die andere. Vor Gericht gilt so lange die Unschuldsvermutung, bis die Schuld des Angeklagten bewiesen ist, damit die Wahrscheinlichkeit, unschuldig verurteilt zu werden, minimiert wird – auch auf die Gefahr hin, Straftäter aufgrund von mangelnden Beweisen freizusprechen. Bei ansteckenden Krankheiten ist es umgekehrt: Es ist besser, die Krankheit tendenziell zu häufig zu diagnostizieren als zu selten. Bei einem ersten Verdacht können weitere diagnostische Tests durchgeführt werden. Wenn umgekehrt eine Infektion nicht erkannt wird und die infizierte Person sich nicht isoliert, kann sich die Krankheit auf andere Personen übertragen.

Um die Auswirkungen einer Fehlentscheidung möglichst gering zu halten, wird die Hypothese als Nullhypothese definiert, die zu schwerwiegenderen negativen Konsequenzen führt, wenn sie nicht erkannt wird. Vor Gericht gilt beispielsweise die Nullhypothese „der Angeklagte ist unschuldig". Bei E-Mails gilt zunächst die Nullhypothese, dass es sich nicht um eine Spam-E-Mail handelt, da es einfacher ist, eine Spam-E-Mail zu löschen, die durch einen Spamfilter kommt, als die Probleme zu lösen, die durch eine nicht zugestellte E-Mail entstehen können.

Die Nullhypothese wird also so gewählt, dass es wichtiger ist, Fehler 1. Art zu vermeiden als Fehler 2. Art. Da nicht beide Fehlerarten gleichzeitig minimiert werden können, wird eine Wahrscheinlichkeit für Fehler 1. Art – das sogenannte *Signifikanzniveau* – gewählt, wodurch sich für einen statistischen Test die Wahrscheinlichkeit für Fehler 2. Art ergibt. Je kleiner das Signifikanzniveau, desto größer die Wahrscheinlichkeit für Fehler 2. Art und umgekehrt. Oft wird das Signifikanzniveau als 1 % oder 5 % gewählt, denn in vielen Situationen ist die Wahrscheinlichkeit für Fehler mit dieser Wahl vernachlässigbar. Das Vorgehen bei einem statistischen Test kann als Algorithmus formalisiert werden (vgl. Algorithmus 13).

Natürlich haben nicht alle Hypothesen weitreichende negative Konsequenzen, wie beim Testen der Hypothese „samstags und mittwochs sind die Wartezeiten an Supermarktkassen gleich". Eine falsche Testentscheidung führt hier zu überschaubaren Konsequenzen:

- Falls die Nullhypothese fälschlicherweise abgelehnt wird, entscheiden wir uns für einen und gegen den anderen der beiden Tage, obwohl die erwartete Wartezeit gleich ist.

- Falls die Nullhypothese fälschlicherweise akzeptiert wird, vermuten wir, dass die erwarteten Wartezeiten gleich sind, obwohl sie sich tatsächlich unterscheiden. In diesem Fall entscheiden wir uns möglicherweise für den Tag mit der längeren durchschnittlichen Wartezeit und müssen mehr Zeit an der Kasse einplanen als eigentlich notwendig.

> **Algorithmus 13 Formales Vorgehen zur Nutzung eines statischen Tests**
>
> ```
> Statistischer Test
> Eingabe: Stichprobe X₁, …, Xₙ
> Ausgabe: Testentscheidung (für Nullhypothese
>          oder Alternative)
> 1. Formulierung von Nullhypothese und
>    Alternative
> 2. Wahl eines statistischen Tests und eines
>    Signifikanzniveaus
> 3. Berechnung der Testgröße und des
>    Ablehnungsbereichs
> 4. Testentscheidung: Verwirf Nullhypothese,
>    falls die Testgröße im Ablehnungsbereich ist
> ```

Die gute Nachricht im zweiten Fall ist jedoch, dass sich die Wartezeiten nicht zu stark unterscheiden können. Wäre die Differenz groß, hätte der Test sie mit hoher Wahrscheinlichkeit richtig entdeckt. Bei einem Test mit einem festgelegten Signifikanzniveau erhalten wir als Testentscheidung nur die Information, ob der Test die Nullhypothese akzeptiert oder ablehnt, jedoch nicht, wie eindeutig die Entscheidung ist, d. h., wie viele Informationen gegen sie sprechen.

Eine Alternative zu statistischen Tests mit festgelegtem Signifikanzniveau ist der sogenannte *p-Wert*, der angibt, wie wahrscheinlich die gemessenen (oder noch extremere) Werte unter der Nullhypothese sind. Wenn wir beispielsweise mittwochs die Wartezeiten 4, 6, 5 und 4 min messen, ist es unter der Nullhypothese („Die Wartezeiten mittwochs und samstags sind gleich") wahrscheinlich, samstags 6, 4, 5 und 5 min an der Kasse zu warten, wohingegen die Werte 2, 0, 1 und 2 min unwahrscheinlich sind. Wenn der *p*-Wert groß ist, sind die Werte unter der Nullhypothese wahrscheinlich und wir akzeptieren sie. Wenn der *p*-Wert andererseits klein ist, sind die Werte unter der Nullhypothese unwahrscheinlich, sodass wir uns eher für die Alternative entscheiden. Häufig werden als Grenze für den *p*-Wert ebenfalls 1 % oder 5 % genutzt, und die Nullhypothese für größere Werte akzeptiert und für kleinere Werte abgelehnt.

* * *

Fußballspiele (und sportliche Wettbewerbe im Allgemeinen) können als Tests dafür aufgefasst werden, welche Mannschaft die bessere ist. Neben den Kompetenzen der Spieler und der Fähigkeit, im Team zu spielen, kann der Ausgang einer Partie auch vom Zufall abhängen. Wenn zwei Mannschaften gegeneinander spielen, gewinnt normalerweise die bessere. Je öfter sie allerdings spielen, desto größer wird die Wahrscheinlichkeit, dass auch die schlechtere Mannschaft ein Spiel gewinnt.

Derselbe Effekt ist bei statistischen Tests zu beobachten. Wenn wir nicht nur die Wartezeiten an der Supermarktkasse mittwochs und samstags vergleichen wollen, sondern jeweils die Wartezeiten montags, dienstags, mittwochs, donnerstags und freitags mit der Wartezeit am Samstag, führen wir fünf statistische Tests durch statt einen. Bei jedem einzelnen Test können wir einen Fehler 1. Art machen, dessen Wahrscheinlichkeit wir im Vorfeld (durch die Wahl eines geeigneten Signifikanzniveaus) festlegen. Diese Fehlerwahrscheinlichkeiten akkumulieren sich und die Wahrscheinlichkeit, bei fünf Tests mindestens einen Fehler zu machen, ist deutlich größer als bei jedem einzelnen Test.

Um die gesamte Fehlerwahrscheinlichkeit zu kontrollieren, müssen die Niveaus der einzelnen Tests angepasst werden. Die einfachste Möglichkeit, um eine gesamte Fehlerwahrscheinlichkeit von maximal 5 % zu erhalten, ist, das Niveau durch die Anzahl der Tests zu teilen, was in diesem Beispiel ein Signifikanzniveau von 1 % je Test ergibt.

Das Problem des multiplen Testens, d. h. das Durchführen mehrerer Tests, ist besonders in Zeiten von *Big Data* relevant. Dadurch, dass immer mehr Daten gesammelt und immer mehr Zusammenhänge und Hypothesen untersucht werden können, werden auch immer mehr Hypothesen fälschlicherweise akzeptiert bzw. abgelehnt. Ein Indiz für falsche Testentscheidungen ist, dass die Ergebnisse in unabhängigen Studien nicht wiederholt werden können.

Multiples Testen tritt vor allem in solchen Bereichen auf, in denen große Datenmengen vorliegen und in denen viele Hypothesen gleichzeitig überprüft werden sollen. Dies ist beispielsweise in der Medizin der Fall, wo komplexe Vorgänge im menschlichen Körper untersucht werden, und in der Genetik, bei der Zusammenhänge zwischen vererbbaren Merkmalen erforscht werden. Um von vornherein verlässlichere Resultate zu haben, sollte das Signifikanzniveau bei mehreren Tests entsprechend angepasst werden – beispielsweise indem das Gesamtniveau durch die Anzahl der Tests geteilt wird.

Das Wichtigste in Kürze
- Hypothesen können mit statistischen Tests überprüft werden.
- Statistische Tests können zwei mögliche Fehler machen, indem sie entweder die Nullhypothese akzeptieren, obwohl sie nicht wahr ist (Fehler 1. Art), oder sie fälschlicherweise ablehnen (Fehler 2. Art).
- Beispiele für multiples Testen, bei denen sich die Wahrscheinlichkeiten für Fehler akkumulieren, sind vor allem in Bereichen wie der Medizin und Genetik zu finden, in denen viele Hypothesen überprüft werden sollen.

Wann ist das Benzin günstig? – Regression und Zeitreihenanalyse

Während meines Masterstudiums verbrachte ich ein Jahr an der Universitat de Barcelona, wo ich die Vorlesung *Quantitative Finance* besuchte. Dort ging es um verschiedene Inhalte der Finanzmathematik, speziell um die Modellierung von Aktienkursen und Derivaten. Am Ende des Semesters fragte ein Kommilitone unseren Professor „Josep, wenn die Modelle funktionieren, warum arbeitest du dann noch hier (an der Universität)?".

Eine Antwort auf diese Frage gibt die Markteffizienzhypothese, die besagt, dass die Preise von Aktien und Derivaten alle verfügbaren Informationen berücksichtigen [15]. Eine Folgerung dieser Annahme ist, dass die Kurse nicht vorhersagbar sind, denn wären sie vorhersagbar, müsste sich dies bereits im aktuellen Preis widerspiegeln. Auch wenn die Markteffizienzhypothese selbst umstritten ist, bleibt die Aussage wahr, dass die Vorhersage von Preisen sehr schwierig bis unmöglich ist. Vor diesem Hintergrund wirkt die Modellierung von Aktienkursen wie eine mathematische Spielerei, aber auch wenn die Modelle uns nicht erlauben, in die Zukunft zu blicken, können wir Erkenntnisse aus der Vergangenheit gewinnen, um bessere Entscheidungen zu treffen.

Beim Würfeln mit einem fairen Würfel können wir das Modell aufstellen, dass alle Zahlen mit einer Wahrscheinlichkeit von 1/6 gewürfelt werden und den Erwartungswert als 3,5 berechnen. Wenn wir als Gewinn den Wert der Augenzahl in Euro erhalten, können wir mit dem Erwartungswert einen fairen Einsatz berechnen. Wenn wir den Würfel oft werfen, können wir testen, ob der Würfel wirklich fair ist, d. h., ob alle Augenzahlen gleich wahrscheinlich sind. Das alles sind wertvolle Informationen, um den Würfelwurf besser zu verstehen – und trotzdem können wir die nächste Augenzahl nicht vorhersagen. Mit Aktienkursen verhält es sich ähnlich. Auch wenn wir die zukünftigen Preise nicht vorhersagen können, können wir aus statistischen Modellen wertvolle Informationen gewinnen, um bessere Entscheidungen zu treffen.

Im Gegensatz zum Würfeln und vielen anderen Glücksspielen haben Aktienpreise eine Eigenschaft, die uns ihre Analyse erschwert, aber dafür weitere wichtige Informationen liefert: Die Daten sind voneinander abhängig. Beim Würfeln hat die vorherige Augenzahl keinen Einfluss auf das aktuelle Ergebnis – bei Aktienpreisen ist das anders. Der Kurs einer Aktie heute hängt stark von dem gestrigen Preis ab. Zufallsabhängige Größen, die zeitlich voneinander abhängen, werden als *Zeitreihen* bezeichnet.

Im Alltag begegnen uns immer wieder Zeitreihen, wie tägliche Temperaturen oder die Fallzahlen einer Krankheit, gemessen über die Zeit. Ein Beispiel, an dem sich verschiedene Komponenten einer Zeitreihe gut darstellen lassen, sind Benzinpreise. Benzinpreise können stark vereinfacht durch drei Komponenten modelliert werden:

- eine Trendkomponente, die angibt, wie sich der Preis über einen längeren Zeitraum entwickelt,
- eine wöchentliche Komponente, die widerspiegelt, wie sich der Benzinpreis typischerweise über die Woche entwickelt,
- eine zufällige Komponente, die Abweichungen vom Trend und der wöchentlichen Komponente erklärt.

Der Benzinpreis zu einem Zeitpunkt t lässt sich damit darstellen als $B(t) = T(t) + W(t) + E(t)$, wobei T für den Trend W für die wöchentliche Komponente und E für den Fehler (engl. *error*) steht. Auch wenn wir $B(t)$ nicht vorhersagen können, können wir versuchen, mit ausreichend Informationen über den Trend und die wöchentliche Komponente den Tag und die Uhrzeit auszuwählen, bei der die Benzinpreise normalerweise am günstigsten sind.

Eine Möglichkeit hierfür bildet das *Glätten* der Zeitreihe mit der sogenannten *Kernregression*. Der einfachste Fall einer Kernregression, das *gleitende Mittel*, wurde während der Corona-Pandemie häufig genutzt. Grundsätzlich ist davon auszugehen, dass sich unter der Woche und am Wochenende gleich viele Menschen mit Corona infiziert haben. In den offiziellen Zahlen des Robert Koch-Instituts konnte man allerdings erkennen, dass am Wochenende nur wenige, dafür am Anfang der Woche sehr viele neue Fälle gemeldet wurden. Um diese Schwankungen zu berücksichtigen, wurde häufig die 7-Tage-Inzidenz oder der Durchschnitt über die letzten 7 Tage betrachtet.

Bei den Corona-Fallzahlen ist der wöchentliche Verlauf sehr markant und es ist leicht einsehbar, dass das gleitende Mittel nicht über 4, 6 oder 8 Tage, sondern über 7 Tage gebildet werden sollte, um wöchentliche Effekte auszu-

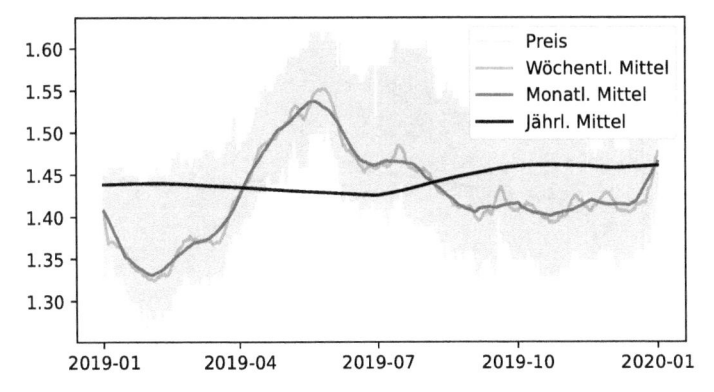

Abb. 10 Benzinpreise einer Bochumer Tankstelle für das Jahr 2019 mit jeweils dem wöchentlichen, monatlichen und jährlichem gleitenden Mittel [16]

gleichen. Bei dem langfristigen Trend von Benzinpreisen ist die Wahl nicht mehr so offensichtlich: Ist eine Woche, ein Monat oder ein Jahr ein guter Zeitraum, um den Trend zu berechnen? In Abb. 10 sind die Benzinpreise einer Bochumer Tankstelle aus dem Jahr 2019 zu sehen. Zusammen mit den stündlichen Preisen sind dort auch die wöchentlichen, monatlichen und jährlichen gleitenden Mittelwerte. Je größer der berücksichtigte Zeithorizont, desto glatter ist die Kurve.

Je nachdem, über welchen Zeithorizont wir die Mittelwerte berechnen, erhalten wir andere Informationen. Anhand des jährlichen Mittels erkennen wir, dass der durchschnittliche Benzinpreis über das Jahr um etwa 5 Cent von 1,42 auf 1,47 € gestiegen ist. Sowohl das monatliche als auch das wöchentliche Mittel lassen erkennen, dass die Preise im Frühjahr stark anstiegen und zum Sommer hin wieder langsam gefallen sind. Dabei ist das wöchentliche Mittel aufgrund des kleineren Zeithorizonts anfälliger für Ausreißer, d. h. extreme Werte, und hat damit höhere Schwankungen.

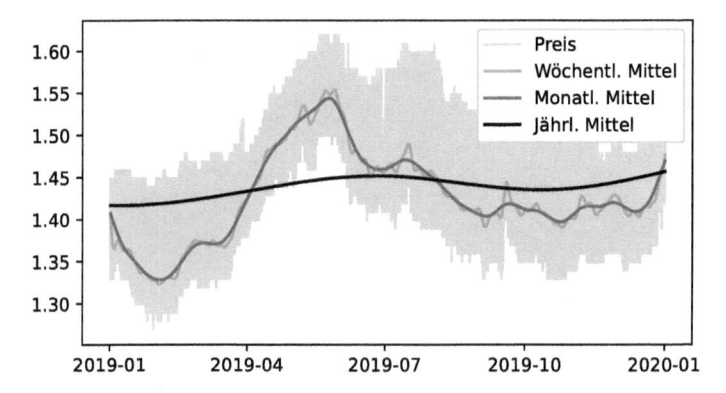

Abb. 11 Benzinpreise einer Bochumer Tankstelle für das Jahr 2019 mit jeweils dem wöchentlichen, monatlichen und jährlichem *gewichteten* gleitenden Mittel [16]

Eine Alternative zum gleitenden Mittel, bei dem alle Beobachtungen mit demselben Gewicht eingehen, ist die allgemeinere Kernregression, bei der die Beobachtungen abhängig von ihrer Entfernung mit unterschiedlichen Gewichten berücksichtigt werden. Wenn wir beispielsweise den Anteil des Trends am Benzinpreis vom 15. Juli schätzen möchten, geht der Preis vom 15. Juli mit dem höchsten Gewicht ein, die Preise vom 14. und 16. Juli mit einem etwas niedrigeren Gewicht, die Preise vom 13. und 17. Juli mit einem noch niedrigeren Gewicht und so weiter. Je nachdem, wie die Gewichte gewählt werden, wird die geschätzte Funktion dadurch noch etwas glatter (vgl. Abb. 11).

Wenn wir nun den Trend (d. h. das jährliche Mittel) von den Benzinpreisen abziehen und den Mittelwert über die jeweiligen wöchentlichen Verläufe berechnen, erhalten wir den typischen wöchentlichen Verlauf aus Abb. 12. Darin ist zu erkennen, dass der konkrete Tag einen geringeren Einfluss auf den Benzinpreis hat und letztlich die Uhrzeit eine größere Rolle spielt. Tendenziell liegen die Preise morgens etwa 7 bis 8 Cent über dem Trend und in den Abendstunden bis zu 6 Cent darunter.

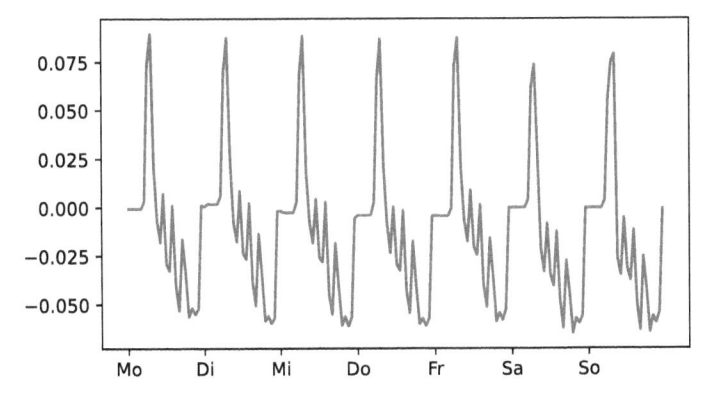

Abb. 12 Typischer wöchentlicher Verlauf der Benzinpreise einer Bochumer Tankstelle für das Jahr 2019

Mit derselben Methodik lässt sich auch eine signifikante Änderung der globalen durchschnittlichen Temperatur über die letzten 140 Jahre nachweisen [17, 18]. Vielleicht ist es deshalb besser, das Auto stehen zu lassen und gar nicht erst zu tanken – damit haben wir auch die größte finanzielle Ersparnis.

Allgemeiner lassen sich mit der Kernregression nicht nur Zeitreihen untersuchen, sondern auch andere Zusammenhänge. Beispielsweise lassen sich mit ihr Rückschlüsse über das Verhältnis der Wirkstoffmenge in einem Medikament und dessen Wirkung ziehen oder über den Gesundheitszustand eines Patienten basierend auf Biomarkern, wie der Körpertemperatur, dem Blutdruck oder den Cholesterinwerten.

Das Wichtigste in Kürze
- Zufallsabhängige Daten, die in einem zeitlichen Zusammenhang stehen, heißen Zeitreihe.
- Durch statistische Modelle, wie der Kernregression und dem gleitenden Mittel, können wir neue Erkenntnisse über Zeitreihen erhalten.
- Beispiele für Zeitreihen sind Temperaturverläufe, Benzin- und Aktienpreise.

Aberglaube und Warenkörbe – Korrelation und Kausalität

Das erste Mal war ich im Alter von sieben Jahren bei einem Spiel des VfL Bochum. Nicht bei irgendeinem Spiel, sondern beim Revierderby gegen Borussia Dortmund. Das Spiel lief, so wie die gesamte Saison, aus Bochumer Sicht eher bescheiden ab und der VfL landete zum Ende der Saison 1998/1999 auf dem 17. Platz. Die Atmosphäre und die Stimmung im Ruhrstadion haben mich damals trotzdem sehr beeindruckt, sodass mein Vater mich immer wieder mit ins Stadion nahm. Die folgenden Jahre des VfL Bochum waren durch ein Auf und Ab zwischen 1. und 2. Bundesliga geprägt:

- 1998/99: Abstieg in die 2. Bundesliga
- 1999/00: Aufstieg in die Bundesliga
- 2000/01: Abstieg in die 2. Bundesliga
- 2001/02: Aufstieg in die Bundesliga

In der folgenden Spielzeit konnte sich der VfL mit dem neunten Tabellenplatz den Klassenerhalt sichern. In der Sommerpause verstärkte sich der Verein mit neuen Spielern und auch ich bereitete mich auf die zweite Bundesligasaison in Folge vor: mit meiner ersten Dauerkarte und einem Trikot von Peter Madsen, der zur Saison 2003/04 als Stürmer zum VfL Bochum wechselte. Ich trug das Trikot zu jedem Heimspiel und mit jedem Sieg wuchs mein Vertrauen in das Trikot als Glücksbringer. Die folgenden Monate gingen in die Vereinsgeschichte ein. Die Bilanz waren 11 Siege, 5 Unentschieden und nur eine Niederlage im Ruhrstadion. Bochum konnte die Saison mit dem 5. Platz vor den Revierkontrahenten aus Dortmund und Gelsenkirchen abschließen und sich für den UEFA Cup qualifizieren [19].

Der Grund für den Erfolg war – neben dem legendären Peter Neururer – mein Trikot von Peter Madsen. Zumindest schien es einen Zusammenhang zu geben, oder nicht?

Offensichtlich lag der sportliche Erfolg der Mannschaft nicht an meinem Trikot und trotzdem ist Aberglaube besonders im Sport verbreitet. Mein Fehlschluss wird häufig mit „Korrelation ist nicht gleich Kausalität" erklärt, doch was steckt mathematisch hinter dieser Aussage?

Eine Größe, die häufig als Maß für die Abhängigkeit von zwei Zufallsvariablen genutzt wird, ist die *Kovarianz*. Sie beschreibt in bestimmten Situationen, wie sich eine Zufallsvariable X verändert, wenn sich eine zweite Zufallsvariable Y ändert. Formal ist die Kovarianz von X und Y definiert als

$$\text{cov}(X, Y) = E\left[\left(X - E[X]\right)\left(Y - E[Y]\right)\right].$$

Da wir die zugrundeliegenden Verteilungen der beiden Zufallsvariablen häufig nicht kennen, aber *gepaarte* Daten (X_1, Y_1), (X_2, Y_2), …, (X_n, Y_n) der Zufallsvariablen beobachten, können wir die Kovarianz mit Hilfe der *Stichprobenkovarianz* schätzen. Wir haben bereits gesehen, dass wir Erwartungswerte mit Hilfe von Mittelwerten schätzen können. Indem wir also die Erwartungswerte in der Definition der Kovarianz durch die jeweiligen Durchschnitte ersetzen, erhalten wir die Stichprobenkovarianz. Das Vorgehen zur Berechnung der Stichprobenkovarianz lässt sich wie in Algorithmus 14 formalisieren.

Zunächst berechnen wir die Mittelwerte der Stichprobe und ziehen diese anschließend von den gegebenen Werten ab. Anschließend multiplizieren wir die zentrierten Größen und erhalten die Stichprobenkovarianz als Durchschnitt dieser Produkte.

> **Algorithmus 14 Formales Vorgehen zur Berechnung der Stichprobenkovarianz**
>
> ```
> Stichprobenkovarianz
> Eingabe: Stichprobe (X₁, Y₁), (X₂, Y₂), ..., (Xₙ, Yₙ)
> Ausgabe: Stichprobenkovarianz von X und Y
> ```
> 1. Berechne Mittelwerte $\bar{X} = 1/n \cdot (X_1 + X_2 + \ldots + X_n)$ und $\bar{Y} = 1/n \cdot (Y_1 + Y_2 + \ldots + Y_n)$.
> 2. Berechne Differenz von ursprünglichen Daten und Mittelwerten: $(X_1 - \bar{X}, Y_1 - \bar{Y}), \ldots, (X_n - \bar{X}, Y_n - \bar{Y})$
> 3. Berechne Produkte der Paare $(X_1 - \bar{X}) \cdot (Y_1 - \bar{Y}), \ldots, (X_n - \bar{X}) \cdot (Y_n - \bar{Y})$
> 4. Berechne Mittelwert der Produkte
> 5. Gib den Mittelwert zurück

In Tab. 10 sind die durchschnittlichen Körpermaße für Kinder im Alter von 0 bis 9 Jahren aus dem Jahr 2018 angegeben. Offensichtlich gibt es einen Zusammenhang zwischen Alter und Körpergröße bzw. -gewicht. Doch wie lässt sich diese Relation messen?

Um die Stichprobenkovarianz von Alter und Körpergröße bzw. -gewicht zu berechnen, müssen wir die Daten zunächst zentrieren, d. h. den Durchschnitt über die Beobachtungen abziehen. Das durchschnittliche Alter beträgt 4,5 Jahre, die mittlere Größe 108,9 cm und für das Gewicht ergibt sich ein Durchschnitt von 20,28 kg. Als zentrierte Werte erhalten wir die Daten aus Tab. 11. Als

Tab. 10 Durchschnittliche Körpermaße (Körpergröße und Körpergewicht) nach Alter in Deutschland [20]

Alter in Jahren	0	1	2	3	4	5	6	7	8	9
Größe in cm	67	83	93	101	108	115	122	128	133	139
Gewicht in kg	7,6	11,6	14,1	16,2	18,5	20,8	23,6	26,6	30,0	33,8

Tab. 11 Zentrierte Körpermaße und Produkte von Alter und Körpergröße bzw. -gewicht (vgl. Tab. 10)

Alter	−4,5	−3,5	−2,5	−1,5	−0,5	0,5	1,5	2,5	3,5	4,5
Größe	−41,9	−25,9	−15,9	−7,9	−0,9	6,1	13,1	19,1	24,1	30,1
Gewicht	−12,68	−8,68	−6,18	−4,08	−1,78	0,52	3,32	6,32	9,72	13,52
Alter · Größe	188,55	90,65	39,75	11,85	0,45	3,05	19,65	47,75	84,35	135,45
Alter · Gewicht	57,06	30,38	15,45	6,12	0,89	0,26	4,98	15,80	34,02	60,84

nächstes berechnen wir die Produkte des (zentrierten) Alters mit (zentrierter) Körpergröße bzw. -gewicht. Die paarweisen Produkte sind in den letzten beiden Zeilen der Tabelle zu finden. Zuletzt berechnen wir die Mittelwerte der paarweisen Produkte und erhalten als Kovarianz von Alter und Größe den Wert 62,15 und für das Alter und das Gewicht den Wert 22,58.

Doch wie können wir diese Ergebnisse interpretieren? Ist der Zusammenhang zwischen Alter und Körpergröße stärker als zwischen Alter und Gewicht?

Tatsächlich hängt die Kovarianz nicht nur von der Beziehung zwischen den beiden Zufallsvariablen ab, sondern ebenfalls von ihrer Größenordnung. Wäre die Körpergröße beispielsweise in Metern statt in Zentimetern angegeben, hätte also Werte zwischen 0,67 m und 1,39 m statt zwischen 67 cm und 139 cm, wäre die Stichprobenkovarianz 0,6215 statt 62,15. Um diese Abhängigkeit von der Größenordnung zu vermeiden, wird die Kovarianz häufig mit Hilfe der Varianzen der Zufallsvariablen normalisiert. Dieses neue Maß für die Abhängigkeit zwischen zwei Zufallsvariablen wird als *Korrelation* bezeichnet und ist definiert als

$$Corr(X,Y) = \frac{\text{cov}(X,Y)}{\sqrt{Var(X)} \cdot \sqrt{Var(Y)}}.$$

Wenn wir nun die Korrelationen von Alter und Körpergröße bzw. -gewicht berechnen, erhalten wir die Werte 0,987 und 0,996, was in beiden Fällen auf eine (wenig überraschende) sehr starke Abhängigkeit zwischen dem Alter und der Größe bzw. dem Gewicht von Kindern hinweist.

Generell nimmt die Korrelation Werte zwischen -1 und 1 an und kann wie folgt interpretiert werden:

- Eine Korrelation von 1 spricht für eine (perfekte) Abhängigkeit von zwei Zufallsvariablen, d. h. je größer die eine, desto größer die andere,
- eine Korrelation größer als 0,7 spricht für eine Abhängigkeit,
- eine Korrelation von 0 spricht dafür, dass die Zufallsvariablen nicht auf simple Weise zusammenhängen, d. h., wenn die eine wächst kann die andere wachsen oder fallen,
- eine Korrelation kleiner als - 0,7 spricht für eine negative Abhängigkeit, d. h. je größer die eine, desto kleiner die andere,
- eine Korrelation von -1 spricht für eine (perfekte) negative Abhängigkeit der beiden Zufallsvariablen.

Wichtig bei der Interpretation der Korrelation ist jedoch, dass wir aus einer Korrelation nicht auf einen kausalen Zusammenhang schließen können. Deshalb sind die Aussagen vorsichtig formuliert mit „spricht für" statt „bedeutet". Beispielsweise sind in Tab. 12 das deutsche Bruttoinlandsprodukt (BIP) und die Position des VfL Bochum am jeweiligen Saisonende eingetragen. Um mit den Tabellenplatzierungen der ersten und zweiten Bundesliga gleichermaßen rechnen zu können, müssen die Positionen zunächst durchgehend nummeriert werden (rechte Spalte). Aus diesen Werten ergibt sich eine Korrelation von -0,86, was für eine starke negative Abhängigkeit spricht. Es gilt also, dass je höher das BIP, desto niedriger der Rang (also desto besser die Position) des VfL Bochum. Aus dieser Korrelation allerdings auf einen kausalen Zusammenhang zu schließen, wäre mehr als zweifelhaft. Das BIP ist vermutlich

Tab. 12 Bruttoinlandsprodukt in Deutschland von 2013 bis 2022 und Tabellenplatzierung des VfL Bochum 1848 zum Ende der Saisons 2012/13 bis 2021/22 [21, 22]

Jahr	BIP in Mrd. Euro	Position des VfL Bochum	Durchgehende Position
2013	2564,40	14 (2. Bundesliga)	32
2014	2693,56	15 (2. Bundesliga)	33
2015	2745,31	11 (2. Bundesliga)	29
2016	2811,35	5 (2. Bundesliga)	23
2017	2927,43	9 (2. Bundesliga)	27
2018	3026,18	6 (2. Bundesliga)	24
2019	3134,74	11 (2. Bundesliga)	29
2020	3267,16	8 (2. Bundesliga)	26
2021	3365,45	1 (2. Bundesliga)	19
2022	3474,11	13 (Bundesliga)	13

nicht deswegen gestiegen, weil der VfL Bochum besser spielt, und andererseits hat der VfL vermutlich auch nicht deswegen eine bessere Platzierung erreicht, weil das BIP gestiegen ist. Solche Korrelationen ohne kausalen Zusammenhang werden auch als *Scheinkorrelationen* bezeichnet.

Der Fehlschluss, aus einer Korrelation auf einen Zusammenhang zu schließen, ist einer der häufigsten statistischen Fehlschlüsse. Oft sind die Ergebnisse irreführend, aber harmlos, wie beim Zusammenhang von BIP und VfL Bochum. In manchen Situationen kann der Fehlschluss jedoch auch zu erheblichen negativen Folgen führen, beispielsweise im Falle von Homöopathie oder Verschwörungstheorien.

Auf der anderen Seite kann es auch komplexere Zusammenhänge zwischen Zufallsvariablen geben, deren Korrelation 0 bzw. relativ klein ist.

Angenommen Sie sind Hotelbesitzer und möchten Ihre Einnahmen maximieren, d. h. die Zimmer möglichst teuer vermieten bei einer möglichst hohen Auslastung des Hotels. Eine gängige Strategie ist, die Zimmer zunächst günstiger anzubieten, und über die Zeit, je ausgebuchter das Hotel ist, die Preise zu erhöhen. Es könnten sich also Zimmerpreise in Höhe von 90, 100, 110, 120, 130 und 150 € jeweils 6 Wochen bis 1 Woche vor dem betrachteten Tag ergeben. Damit die Zimmer nicht leer bleiben, bieten Sie die restlichen freien Zimmer zu einem Last-Minute-Preis von 50 € pro Nacht an.

Wenn wir nun die Korrelation der Wochen bis zum betrachteten Tag (also 6, 5, 4, 3, 2, 1 und 0) und der Preise (90, 100, 110, 120, 130, 150 und 50 €) berechnen, erhalten wir $Corr$(Wochen, Preis) = 0. Bedeutet das Ergebnis, dass die Preise unabhängig von der Zeit bis zum betrachteten Tag sind? Offensichtlich nicht, denn die Preise sind mit der Zeit gestiegen und nur am letzten Tag gesunken. In diesem Fall gibt es einen kausalen Zusammenhang zwischen Zeit und Preis, auch wenn die Korrelation keinen Hinweis darauf liefert.

Eine Anwendung, bei der versucht wird, Korrelationen möglichst präzise zu entdecken, ist der Online-Handel. Dort werden Produkte oft mit „Kunden mit ähnlichen Interessen kauften auch …" beworben. Hinter dieser Botschaft steckt häufig eine *Warenkorbanalyse,* bei der Aussagen der Art „Wenn A gekauft wird, wird auch B gekauft" hergeleitet werden, indem verglichen wird, wie oft die Artikel jeweils einzeln und gemeinsam verkauft werden. Beispiele für solche Produktpaare sind Hamburgerbrötchen und die zugehörigen Pattys sowie Rasierklingen und Rasierschaum. Für die Händler spielt dabei keine Rolle, ob es einen erklärbaren Zusammenhang zwischen den Produkten gibt oder nicht. Letztlich kann es auch im Falle von Scheinkorrelationen sinnvoll sein, Produkte gemeinsam zu bewerben, solange dadurch nicht plötzlich weniger Produkte verkauft werden.

Zusammengefasst helfen uns Kovarianz und Korrelation, die Abhängigkeit zweier Zufallsvariablen zu quantifizieren, und können auf einen Zusammenhang hinweisen. Doch bei der Interpretation der Korrelation ist Vorsicht geboten, denn es kann auch ohne kausalen Zusammenhang zu einer Scheinkorrelation kommen, aus der kuriose und unseriöse Aussagen hergeleitet werden könnten.

Das Wichtigste in Kürze
- Kovarianz und Korrelation quantifizieren die Abhängigkeit zweier Zufallsvariablen.
- Eine starke Korrelation deutet auf einen kausalen Zusammenhang – es kann jedoch auch eine Korrelation ohne Kausalität geben und umgekehrt.
- Ein Beispiel für eine Scheinkorrelation ist der Zusammenhang von BIP und sportlichem Erfolg des VfL Bochum.

Verspätung und extreme Ereignisse – Ausreißerdetektion

Eine Zeit lang habe ich in Bochum gewohnt und in Darmstadt gearbeitet. Um die Fahrtwege möglichst effizient nutzen zu können, habe ich das Auto stehen gelassen und bin stattdessen Bahn gefahren. Wenn alles gut ging, war ich in 2 h am Frankfurter Flughafen und bin von dort mit dem Bus weiter Richtung Darmstadt gefahren. Von der Uhrzeit, über die Sitzplatzwahl bis zu den Laufwegen hatte ich alles optimiert. Natürlich habe ich auch meine Aufgaben jeweils an das Verkehrsmittel angepasst, um möglichst effektiv arbeiten zu können. Im Zug konnte ich gut am Laptop arbeiten und habe häufig E-Mails beantwortet, Vorlesungen vorbereitet oder Software entwickelt. Im Bus dagegen, konnte ich besser lesen und habe die Zeit genutzt, aktuelle Literatur und Forschungsergebnisse aufzuarbeiten. Das Einzige, was nicht vorhersehbar und schlecht optimierbar war, waren die Verspätungen der Bahn. Im Gegensatz zum spanischen Eisenbahnunternehmen Renfe, das ab 15 min

Verspätung 50 % und ab 30 min Verspätung 100 % des Fahrpreises bei Langstreckenfahrten zurückerstattet, sind die Ziele der Deutschen Bahn bodenständiger [23].

Ein regelmäßiger Termin, zu dem ich unter keinen Umständen zu spät kommen wollte, war um 10:15 Uhr. Um wie viel Uhr sollte ich bei einer planmäßigen Fahrzeit von 2 h und 40 min losfahren, um einerseits pünktlich zu dem Termin zu kommen, und andererseits nicht mitten in der Nacht losfahren zu müssen?

Wir haben bereits gesehen, dass wir Schätzer nutzen können, um solche Fragen zu beantworten. Bisher haben wir vor allem den Mittelwert als Kennzahl für eine „typische" Beobachtung benutzt. Angenommen die Züge hätten zu Beginn meiner Pendlerzeiten folgende Verspätungen (in Minuten) gehabt:

$$2, 5, 3, 185, 5, 4, 4, 3, 4, 7, 9, 175, 4, 6, 4, 9.$$

Um in jedem Fall pünktlich zu sein, müsste ich die maximale Verspätung als Grundlage heranziehen und einen Puffer von über 3 h einplanen, was wenig praktisch ist. Der Mittelwert der Verspätungen beträgt etwa 27 min. Sollte ich also einen Puffer in dieser Höhe einplanen? Mit diesem zeitlichen Puffer wäre ich zweimal zu spät zu dem Termin gekommen und hätte in den restlichen Fällen etwa 20 min länger gewartet als nötig.

Auch wenn die Bahn selten pünktlich kommt, sind die beiden Verspätungen von knapp 3 h eher Ausnahmen und nicht die Regel. Diese Ausnahmen verzerren jedoch den Mittelwert, der letztlich nur noch eine geringe Aussage über die typische Verspätung der Bahn liefert.

Ausnahmen, die offensichtlich aus dem Rahmen fallen, werden als *Ausreißer* bezeichnet. Statistische Modelle und Schätzer, die sich kaum ändern, wenn einzelne Ausreißer auftauchen, werden als *robust* bezeichnet. Der Mittelwert ist nicht robust gegenüber Ausreißern, da ihn einzelne Werte stark verändern können – wie im oberen Beispiel.

Ausreißer haben besonders bei kleinen Stichproben eine große Wirkung auf den Mittelwert. Je kleiner die Datengrundlage, desto höher ist das Gewicht der einzelnen Beobachtungen im Mittelwert und entsprechend größer ihr Einfluss. Diesen Effekt kann man besonders gut bei Kenngrößen beobachten, die aggregiert je Landkreis berichtet werden. So sind es oft kleinere Landkreise, die bei Rankings die obersten und untersten Plätze füllen, beispielsweise bei Inzidenzen während der Corona-Pandemie oder bei verfügbaren Haushaltseinkommen.

Neben dem Mittelwert sind auch viele andere Modelle und Schätzer nicht robust gegenüber Ausreißern. Wenn Ausreißer auftauchen und Ergebnisse verfälschen können, gibt es zwei mögliche Vorgehensweisen. Zum einen können alternative Modelle bzw. Schätzer benutzt werden, die robuster gegenüber Ausreißern sind. Zum anderen können Ausreißer identifiziert und beseitigt werden.

Eine robuste Alternative zum Mittelwert liefert der *Median*. Der Median einer Stichprobe ist ein Wert, der kleiner ist als die eine Hälfte der Stichprobe und größer als die andere Hälfte. Bei einer Stichprobe mit ungerader Anzahl, entspricht dies dem mittleren Wert. Bei einer Stichprobe mit gerader Anzahl ist der Median per Konvention der Durchschnitt der beiden mittleren Werte. Für die Stichprobe 1, 4, 5, 7, 10 ist der Median 5. Für die Stichprobe 1, 4, 5, 7, 10, 12 entspricht der Median dem Durchschnitt von 5 und 7, also 6.

Der Median ist robust gegenüber Ausreißern, denn würden wir in dem oberen Beispiel die 10 durch 1000 ersetzen, wäre der Median der gleiche – der Mittelwert würde sich jedoch stark verändern. Der Median ist robust, weil er nicht von den Werten aller Beobachtungen in der Stichprobe abhängt, sondern nur von ihrer relativen Ordnung und dem Wert der mittleren Beobachtung.

Um im Beispiel der Bahnverspätungen den Median zu bestimmen, müssen wir die Werte zunächst der Größe nach sortieren:

$$2, 3, 3, 4, 4, 4, 4, 4, 5, 5, 6, 7, 9, 9, 175, 185.$$

Da die Stichprobengröße gerade ist, müssen wir die beiden mittleren Werte identifizieren – in diesem Fall 4 und 5. Der Median ergibt sich nun als Durchschnitt der beiden Werte zu 4,5.

Wenn ich mit einer typischen Verspätung von knapp 5 min rechne und einen weiteren kleinen Puffer in Höhe von 5 min hinzufüge, sollte ich also etwa 10 min Puffer einplanen. Mit diesem Puffer komme ich in 14 von 16 Fällen pünktlich zu meinem Termin und muss nicht unnötig viel zeitliche Reserve einplanen.

Doch nicht immer wollen wir unser Modell bzw. Schätzer durch eine robustere Alternative ersetzen. Manchmal gibt es schlichtweg keine Alternative und in anderen Fällen wollen wir die ursprüngliche Methode benutzen, weil sie einen anderen Informationsgehalt hat als ihre Alternativen. Beispielsweise beschreiben sowohl der Mittelwert als auch der Median eine „typische" Beobachtung, ihr Informationsgehalt unterscheidet sich jedoch, da sie unterschiedlich definiert sind.

Wenn wir unsere Methode nicht durch eine robuste Version ersetzen können oder wollen, können wir stattdessen versuchen, Ausreißer zu identifizieren, diese aus der Stichprobe entfernen und anschließend unsere ursprüngliche (nichtrobuste) Methode benutzen. Doch wie können wir Ausreißer erkennen?

Eine einfache Möglichkeit hierfür bietet der *Interquartilsabstand*, der basierend auf den *Quartilen* einer Stichprobe definiert ist. Ähnlich zum Median unterteilen Quartile eine Stichprobe in Teilstichproben, bei denen ein bestimmter Anteil der Beobachtungen kleiner und der Rest größer als das jeweilige Quartil ist. Genauer gesagt gibt es die drei Quartile q_1, q_2, q_3. Das erste Quartil q_1 ist so definiert, dass 25 % der Stichprobe kleiner und 75 % der Stichprobe größer sind. Das zweite Quartil q_2 ist so definiert, dass 50 % der Stichprobe jeweils kleiner bzw. größer sind. Damit entspricht das zweite Quartil dem Median. Das letzte Quartil q_3 ist so definiert, dass 75 % der Beobachtungen kleiner und 25 % größer sind. Die Visualisierung einer Stichprobe mit den zugehörigen Quartilen befindet sich in Abb. 13.

Basierend auf den Quartilen ist der Interquartilsabstand *IQA* definiert als $q_3 - q_1$, also dem Abstand vom ersten zum dritten Quartil. Zwischen diesen beiden Quartilen liegt – per Definition – genau die Hälfte der Beobachtungen. Der *IQA* ist im Wesentlichen ein Maß für die Streuung der Stichprobe: Ist der Abstand klein, liegt die Hälfte der Daten nah zusammen und die Varianz ist tendenziell geringer; ist der Abstand jedoch groß, ist die Streuung der Daten größer und damit tendenziell auch die Varianz.

Ein einfacher Ansatz zur Erkennung von Ausreißern ist es, alle Datenpunkte, die kleiner als $q_1 - IQA$ bzw. größer als $q_3 + IQA$ sind, als Ausreißer zu deklarieren. Statt dem *IQA* wird häufig das 1,5-Fache des Interquartilsabstands be-

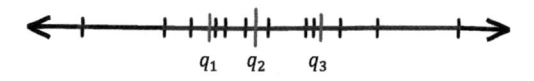

Abb. 13 Stichprobe mit 15 Beobachtungen. Die mittlere Beobachtung q_2 entspricht dem Median der Stichprobe, das untere Quartil q_1 ist die viertkleinste und das obere Quartil q_3 die viertgrößte Beobachtung

nutzt, um Ausreißer zu definieren. Obwohl diese Wahl etwas willkürlich erscheinen mag, ist sie in der Praxis weit verbreitet.

Doch was bedeutet diese abstrakte Definition von Ausreißern für die Verspätungen der Bahn? Zunächst müssen wir die beiden Quartile q_1 und q_3 der Stichprobe bestimmen. Da die Stichprobe aus 16 Beobachtungen besteht, sind für die Quartile jeweils Werte gesucht, die größer als 4 und kleiner als die restlichen Beobachtungen sind (q_1) bzw. die kleiner als 4 und größer als die restlichen Beobachtungen sind (q_3).

Das untere Quartil q_1 ist definiert als der Durchschnitt vom viert- und fünftkleinsten Element der Stichprobe, da für diesen Wert 25 % kleiner (oder gleich) dem Quartil und 75 % größer (oder gleich) dem Quartil sind. Damit ergibt sich $q_1 = (4+4)/2 = 4$. Analog ist q_3 definiert als Durchschnitt vom viert- und fünftgrößten Element, also $q_3 = (7+9)/2 = 8$. Der Interquartilsabstand beträgt nun $IQA = q_3 - q_1 = 8 - 4 = 4$. Alle Werte, die kleiner als 0 bzw. größer als 12 sind, können als Ausreißer bezeichnet werden. Diese Grenzen entsprechen jeweils $q_1 - IQA$ und $q_3 + IQA$. Für die Bahnfahrten gilt, dass die Züge mit 175 und 185 min Verspätung als Ausreißer angesehen werden können. Wenn wir diese Ausreißer ignorieren, beträgt die maximale Verspätung noch 9 min. Mit einem zeitlichen Puffer von etwa 10 min komme ich in 14 der 16 Fälle pünktlich zu meinen Terminen und verhindere unnötige Wartezeiten. Dieses Ergebnis entspricht dem Median mit einem (etwas höheren Aufschlag) von 5 min und bestätigt den Puffer, den wir auch ohne diese aufwendigen Berechnungen intuitiv gewählt hätten.

* * *

Ausreißer begegnen uns in den unterschiedlichsten Ausprägungen im Alltag – nicht nur in Form verspäteter Züge, sondern auch bei Sportereignissen, wenn das vermeintlich unterlegene Team hoch gewinnt, oder bei Schrittzählern, die an manchen Tagen besonders viele Schritte zählen. Ausreißer sollten nicht als Grundlage für Verallgemeinerungen benutzt werden, da sie die Vorhersagen verzerren.

Ein anderes Beispiel für Ausreißer sind Menschen, die besonders positiv oder negativ auffallen. Wenn diese Personen einer Gruppe anzugehören scheinen, kann es schnell passieren, dass wir von der einzelnen Person auf die ganze Gruppe verallgemeinern. Dadurch können letztlich Vorurteile entstehen.

In Vorlesungen und Übungsgruppen passiert es immer wieder, dass einzelne Studierende über das gesamte Semester besonders aktiv mitarbeiten und gute Fragen stellen. Wenn ich von diesen einzelnen Studierenden auf die gesamte Gruppe schließen und die Abschlussprüfung auf ihr hohes Niveau ausrichten würde, wäre das Klausurergebnis fatal.

Wenn deutsche Touristen beim Spanienurlaub jegliche Hemmungen verlieren und soziale Normen vergessen, ändert das den Eindruck, den Spanier von deutschen Touristen haben – auch wenn nur eine Minderheit betrunken randaliert oder von Balkonen in Pools springt.

* * *

Bisher haben wir Ausreißer auf ihre negative Eigenschaft reduziert, dass sie Vorhersagen verzerren. Auf der anderen Seite sind Ausreißer auch der Kern mancher statistischer Analysen. In diesen Fällen spricht man jedoch eher von *Extremwerten*, was etwas positiver klingt.

Die Höhe von Deichen an der Küste sollte nicht abhängig vom mittleren Meeresspiegel und typischen Wellen sein, sondern auch bei extremen Wetterverhältnissen standhaft bleiben und die Küstenregion schützen.

Auch für Versicherungen sind nicht (nur) typische gemeldete Schäden relevant, sondern vor allem auch Fälle mit besonders hohen Schadenssummen.

Das Schätzen von extremen Ereignissen, wie die Höhe von Wasserständen in Flüssen bei Extremwetterereignissen, ist besonders schwierig, weil diese extremen Ereignisse nur selten vorkommen und die Datenbasis entsprechend dünn ist. Der Bereich der Statistik, der sich mit dieser Art von Ausreißern beschäftigt, wird als Extremwerttheorie bezeichnet.

* * *

Bei Größen, die wir über die Zeit beobachten, treten Ausreißer manchmal nicht einzeln, sondern gemeinsam auf. In diesen Fällen können wir uns die Frage stellen, ob es sich noch um Ausreißer handelt oder ob sich strukturell etwas geändert hat.

Die Mensa der Ruhr-Universität Bochum ist gegen 12 Uhr normalerweise besonders voll. Manchmal ist sie jedoch auch an einzelnen Tagen leer, beispielsweise bei einem überraschenden Wintereinbruch oder einem Bahnstreik, wenn es den Studierenden erschwert wird, die Universität zu erreichen. Auch wenn das ein-, zweimal der Fall war, ist zu erwarten, dass die Mensa in den nächsten Tagen wieder voll wird. Anders sieht es aus, wenn die Mensa für eine ganze Woche leer bleibt. Das ist eher ein Zeichen dafür, dass sich etwas strukturell verändert hat, beispielsweise dass die Semesterferien begonnen haben. In diesem Fall ist zu erwarten, dass die Mensa auch in den nächsten Woche leerer ist als während des Semesters.

Im nächsten Abschnitt geht es um die Erkennung solcher strukturellen Veränderungen, die über einzelne Ausreißer hinausgehen.

Das Wichtigste in Kürze
- Extreme Beobachtungen in Stichproben werden oft als Ausreißer bezeichnet und können die Vorhersagen von Modellen verzerren.
- Manchmal sind extreme Ereignisse besonders interessant, dann werden Ausreißer etwas positiver als Extremwerte bezeichnet.
- Beispiele für Ausreißer sind besonders große Verspätungen von Zügen und Extremwetterereignisse.

Veränderungen und Flugverkehr – Strukturbruchanalyse

Wir können das Verhalten von Menschen, die uns nahestehen, relativ gut vorhersagen. Das liegt daran, dass wir ihr Verhalten in der Vergangenheit beobachtet haben und dadurch eine Art mentales Modell dieser Personen entwickeln konnten. Doch manchmal werden wir von ihrem Verhalten überrascht und liegen mit unseren Vorhersagen völlig daneben.

Beim Übergang von einem Lebensabschnitt zum nächsten, oder auch nach besonders einschneidenden Erlebnissen, kann sich das Verhalten einer Person schlagartig ändern. Um unser mentales Modell in diesem Fall anpassen zu können, müssen wir zunächst realisieren, dass es einen *Strukturbruch* gab und unser altes Modell keine zuverlässigen Vorhersagen für das neue Verhalten der anderen Person ermöglicht.

Während meiner Promotion habe ich mich lange Zeit mit Strukturbrüchen in Zeitreihen und ihrer Erkennung beschäftigt. Ein Anwendungsbeispiel, mit dem wir die Erforschung neuer Methode gerechtfertigt haben, ist die Auswertung von Gehirnaktivitäten, gemessen per Elektroenzephalographie (oder kurz EEG). Beim EEG werden Elektroden auf der Kopfoberfläche befestigt und elektrische Spannungen zwischen unterschiedlichen Positionen gemessen, die Rückschlüsse auf Aktivitäten im Gehirn erlauben.

Ähnlich zum Verhalten einer Person, das sich vor und nach einem Strukturbruch unterscheiden kann, kann es solche Unterschiede auch in der neuronalen Aktivität des Gehirns geben. Beispielsweise markieren der Beginn und das Ende epileptischer Anfälle Strukturbrüche im EEG. Doch auch abseits von klinischen Anwendungen können mittels EEG gemessene Gehirnaktivitäten genutzt werden.

Mit sogenannten Brain-Computer Interfaces (BCIs) sollen Computer und andere technische Geräte per Gedanken gesteuert werden. Während meiner Zeit als Data Scientist bei einem Neurotechnologie-Unternehmen, habe ich Methoden der Zeitreihenanalyse genutzt, um Gehirnaktivitäten effektiv zu analysieren. Eine zentrale Bedeutung haben hier Strukturbrüche gespielt. Zum einen ist die Erkennung von strukturellen Veränderungen an sich interessant, da sie darauf hinweisen, dass sich der Zustand des Nutzers geändert hat. Dies ist zum Beispiel hilfreich, wenn die Konzentrationsfähigkeit trainiert und Zustände der Konzentration erkannt werden sollen. Zum anderen ist die Erkennung von Strukturbrüchen wichtig, um die statistischen Modelle anzupassen, die für die Datenauswertung benutzt werden – ähnlich den mentalen Modellen von menschlichem Verhalten.

Überall, wo sich etwas über die Zeit ändern kann, sollten statistische Modelle aktualisiert werden, sobald sich die zugrundeliegenden Prozesse verändert haben, um weiterhin zuverlässige Prognosen zu liefern. Dadurch spielt die Strukturbrucherkennung in vielen Bereichen eine Rolle – von der Produktion über die Finanzmärkte bis zur Logistik.

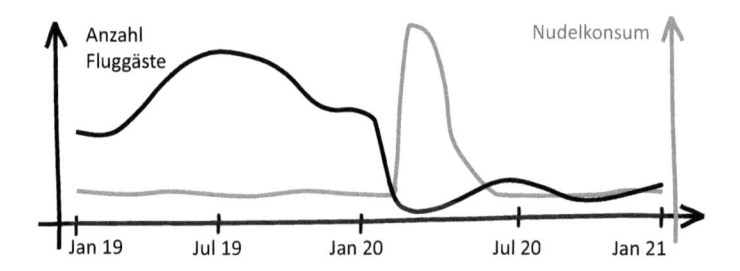

Abb. 14 Schematische Darstellung des Fluggastaufkommens (schwarz) und Nudelkonsums (grau) in Deutschland in den Jahren 2019 und 2020

Doch das Anpassen von Modellen ist häufig mit (hohen) Kosten verbunden und sollte nur erfolgen, wenn wirklich eine strukturelle Veränderung vorliegt. Deshalb ist es wichtig, Verfahren zu nutzen, die Strukturbrüche zuverlässig erkennen und weder zu viele Veränderungen detektieren noch welche übersehen.

Auslöser für strukturelle Veränderungen sind vielfältig, ein prominentes Beispiel ist die Corona-Pandemie. In Abb. 14 sind das Fluggastaufkommen und der Nudelkonsum in Deutschland in den Jahren 2019 und 2020 schematisch dargestellt. Der Nudelkonsum ist über die Zeit relativ konstant mit einer auffälligen Abweichung im März 2020. Das Fluggastaufkommen ist zunächst ebenfalls relativ stabil mit saisonalen Schwankungen, stürzt jedoch im März 2020 ab und kann sich bis Ende des Jahres nicht erholen. In beiden Fällen stellt sich die Frage, ob der Beginn der Corona-Pandemie und die dadurch bedingten Beschränkungen einen Strukturbruch darstellen oder einzelne Zeitpunkte als Ausreißer betrachtet werden sollten.

Augenscheinlich ist die Spitze im Nudelkonsum eine Ausnahme und sollte so behandelt werden. Das Fluggastaufkommen scheint sich jedoch dauerhaft verändert zu haben. Doch wie können wir diesen strukturellen Unterschied mathematisch detektieren?

Einen einfachen und weit verbreiteten Ansatz liefert die *CUSUM-Statistik*, die bereits 1954 von dem britischen Informatiker Ewan Stafford Page vorgeschlagen wurde [24]. Für eine Stichprobe $X_1, X_2, \ldots, X_n$ der Größe n berechnen wir zunächst die *Partialsummen* $S_1, S_2, \ldots, S_n$, wobei die Partialsumme S_k definiert ist als $X_1 + X_2 + \ldots + X_k$, d. h. für die erste Partialsumme gilt $S_1 = X_1$, für die zweite $S_2 = X_1 + X_2$ usw. Anschließend vergleichen wir die einzelnen Partialsummen mit der gesamten Summe S_n und berechnen die CUSUM-Statistik als

$$CUSUM(k) = S_k - \frac{k}{n} S_n.$$

Der Faktor k/n taucht in der Definition der CUSUM-Statistik auf, damit die beiden Summen die gleiche Größenordnung haben. Wenn wir für die Fluggastzahlen aus den Jahren 2019 und 2020 die Partialsummen berechnen, erhalten wir die mittlere Spalte in Tab. 13. Darauf basierend können wir den reskalierten Mittelwert $k/n \cdot S_n$ und anschließend die CUSUM-Statistik berechnen. Im Anschluss können wir die Zeile suchen, in der die CUSUM-Statistik ihr Maximum annimmt, was im Februar 2020 der Fall ist. Die Fluggastzahlen und die zugehörige CUSUM-Statistik sind in Abb. 15 visualisiert. Auch hier können wir deutlich erkennen, dass die CUSUM-Statistik einen Strukturbruch im Frühjahr 2020 entdeckt, was sich mit dem Verlauf des Fluggastaufkommens deckt.

Im März 2020 ist der Flugverkehr aufgrund der Corona-Pandemie zusammengebrochen. Die CUSUM-Statistik hat den Vormonat bzw. den Übergang von Februar zu März als Strukturbruch identifiziert, was auch mit unseren Beobachtungen übereinstimmt. Doch die CUSUM-Statistik wäre wenig hilfreich, wenn sie nur in offensichtlichen Situ-

Tab. 13 Fluggastaufkommen pro Monat am Düsseldorfer Flughafen in den Jahren 2019 und 2020 [25]

Jahr	Monat	Fluggäste S_k		$\frac{k}{n}S_n$	CUSUM
2019	Januar	1.639.405	1.639.405	1.336.065	303.340
	Februar	1.557.247	3.196.652	2.672.131	524.521
	März	1.965.224	5.161.876	4.008.196	1.153.680
	April	2.147.269	7.309.145	5.344.262	1.964.883
	Mai	2.262.261	9.571.406	6.680.327	2.891.079
	Juni	2.393.112	11.964.518	8.016.393	3.948.126
	Juli	2.555.710	14.520.228	9.352.458	5.167.770
	August	2.549.220	17.069.448	10.688.523	6.380.925
	September	2.482.083	19.551.531	12.024.589	7.526.942
	Oktober	2.534.727	22.086.258	13.360.654	8.725.604
	November	1.760.948	23.847.206	14.696.720	9.150.486
	Dezember	1.648.636	25.495.842	16.032.785	9.463.057
2020	Januar	1.535.645	27.031.487	17.368.850	9.662.637
	Februar	**1.507.121**	**28.538.608**	**18.704.916**	**9.833.692**
	März	708.322	29.246.930	20.040.981	9.205.949
	April	19.883	29.266.813	21.377.047	7.889.766
	Mai	31.657	29.298.470	22.713.112	6.585.358
	Juni	157.191	29.455.661	24.049.178	5.406.484
	Juli	608.952	30.064.613	25.385.243	4.679.370
	August	662.013	30.726.626	26.721.308	4.005.318
	September	535.573	31.262.199	28.057.374	3.204.825
	Oktober	450.876	31.713.075	29.393.439	2.319.636
	November	166.116	31.879.191	30.729.505	1.149.686
	Dezember	186.379	32.065.570	32.065.570	0

ationen Strukturbrüche erkennen könnte. Tatsächlich erkennt sie auch in unübersichtlichen Szenarien zuverlässig Strukturbrüche [26].

* * *

Oft ändert sich das Verhalten von Personen nicht abrupt, sondern langsam und stetig über eine gewisse Zeit. Auch andere Prozesse ändern sich graduell und haben keine abrupten Strukturbrüche, wie im Fall der Corona-Pandemie.

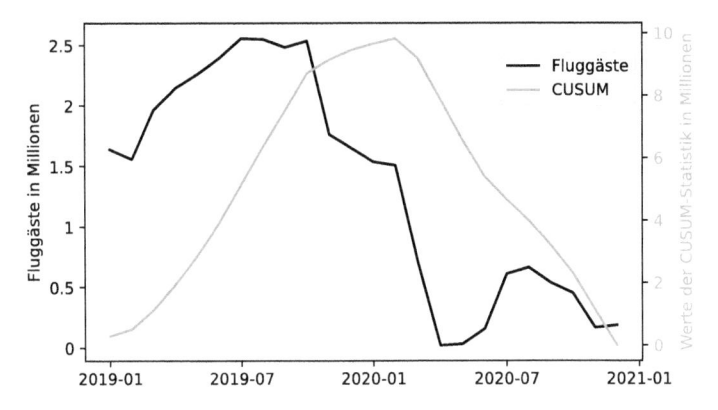

Abb. 15 Fluggastaufkommen am Düsseldorfer Flughafen und zugehörige CUSUM-Statistik in den Jahren 2019 und 2020

So verändert sich beispielsweise das Klima seit der Industrialisierung strukturell. Diese Entwicklung ist jedoch ein langsamer Prozess und keine abrupte Änderung von „vor" zu „nach" der Industrialisierung. Die CUSUM-Statistik eignet sich auch zur Detektion gradueller Veränderungen, sodass mit ihrer Hilfe nachgewiesen werden kann, dass sich das Klima über die Zeit verändert [27].

Die Detektion von Strukturbrüchen hatte ihren Ursprung in der Überwachung von Produktionsprozessen. Mit neuen Technologien hat sie ihre Anwendungsfelder erweitert und wird benutzt, um moderne Software zu überwachen. Häufig basiert Software, die als „Künstliche Intelligenz" bezeichnet wird, auf statistischen Modellen. Die Vorhersagekraft dieser Modelle kann sich mit der Zeit verändern. Um rechtzeitig zu erkennen, ob sich die Modellqualität (stark) verändert hat, und entsprechend reagieren zu können, werden Methoden zur Detektion von Strukturbrüchen genutzt [28].

Das Erkennen struktureller Veränderungen spielt nicht nur bei menschlichem Verhalten eine wichtige Rolle, sondern in vielfältigen Anwendungen von der Produktion bis zur Überwachung von moderner Software.

Das Wichtigste in Kürze
- Viele Prozesse verändern ihr Verhalten über die Zeit.
- Die CUSUM-Statistik erlaubt die Detektion struktureller Veränderungen.
- Ein Beispiel für einen abrupten Strukturbruch ist die Corona-Pandemie, ein Beispiel für eine graduelle Veränderung der Klimawandel.

Algorithmen und Zufall: Optimale Entscheidungen treffen trotz unsicherer Umstände

Mit dem Abitur in der Tasche stand ich nach meinem Zivildienst vor einer entscheidenden Frage: Was nun? Während meiner Schulzeit hatte ich viel über eine Ausbildung zum Veranstaltungstechniker nachgedacht und mich bereits um einen Ausbildungsplatz beworben. Letztlich entschied ich mich jedoch aus diversen Gründen gegen die Ausbildung und für ein naturwissenschaftliches oder technisches Studium. Aber für welchen Studiengang sollte ich mich zum nächsten Semester einschreiben? Einen klassischeren Studiengang wie Physik oder Informatik? Oder einen interdisziplinären Studiengang wie Wirtschafts- oder Technomathematik?

Glücklicherweise bieten Universitäten Tage der offenen Tür an, bei denen sich Interessierte über die Studiengänge informieren und Probevorlesungen besuchen können. Bei einer Probevorlesung zur Kryptographie, die einen Einblick in die moderne Mathematik geben sollte, erzählte der Dozent, dass Verschlüsselungen, wie beispielsweise beim Online-Banking genutzt, darauf basieren, dass es leicht ist, zwei Primzahlen zu multiplizieren, aber schwierig, eine (große) Zahl in ihre Primfaktoren zu zerlegen. Ein Teil der Aussage ist mir klar: Die Zahlen 7 und 13 zu multiplizieren ist einfacher, als die Zahl 91 in ihre Primfaktoren zu zerlegen. Aber was hat das mit Verschlüsselungen und Online-Banking zu tun? Die Antwort habe ich in der Probevorlesung nicht gefunden – die Frage hat mich aber getriggert, sodass ich mich letztlich dafür entschieden habe, Mathematik zu studieren.

Durch das Auf und Ab der ersten beiden Semester hatte ich die Frage schon wieder vergessen, bis ich im dritten Semester die Einführung in die Kryptographie besuchte. Wir fingen an mit einer guten Nachricht: Es gibt perfekt sichere Verschlüsselungen. Die schlechte Nachricht folgte jedoch direkt: Perfekt sichere Verschlüsselungen sind nicht praktikabel – aber fangen wir vorne an.

Zu einem Verschlüsselungsverfahren gehören:

- eine Menge der möglichen *Schlüssel,*
- eine Menge der möglichen *Klartexte* und
- eine Menge der möglichen *Chiffretexte.*

Die Klartexte sind die zu verschlüsselnden Nachrichten, die mit Hilfe der Schlüssel verschlüsselt werden. Angenommen wir wollen die Nachricht „Klartext" verschlüsseln. Die einfachste Möglichkeit ist, jeden Buchstaben durch seinen Nachfolger zu ersetzen: Aus K wird L, aus L wird M, aus A wird B usw. und wir erhalten als Chiffretext „Lmbsufyu". Der Chiffretext sieht zwar kryptisch aus, kann aber genauso leicht entschlüsselt werden, wie wir ihn berechnet haben. Das macht das Entschlüsseln einfach, sorgt aber nicht für eine hohe Sicherheit.

Wir können dieses Verfahren etwas verbessern, indem wir nicht immer den direkten Nachfolger nehmen, sondern

s viele Schritte weitergehen. In diesem Fall haben wir neben der Nachricht nun auch einen Schlüssel s. Für $s = 1$ erhalten wir wieder den Chiffretext „Lmbsufyu", für $s = 2$ „Mnctvgzv" und für $s = 3$ ein kleines Problem: Beim Verschlüsseln des Buchstaben X erreichen wir das Ende des Alphabets. Die Lösung ist allerdings offensichtlich – wir fangen einfach wieder bei A an und erhalten für $s = 3$ den Chiffretext „Noduwhaw". Mit dieser modifizierten Verschlüsselung muss sich ein Angreifer – so heißen in der Literatur diejenigen, die versuchen, Chiffretexte zu entschlüsseln – zumindest die Mühe machen, den Schlüssel s herauszufinden.

Leider ist es relativ einfach, diesen Schlüssel zu knacken. Jeder Buchstabe hat eine gewisse Häufigkeit, mit der er in Texten vorkommt. Der Buchstabe E kommt in Texten beispielsweise häufiger vor als der Buchstabe Z. Wenn wir also wissen, dass E der häufigste Buchstabe ist, können wir in der verschlüsselten Nachricht nach dem häufigsten Buchstaben suchen, die beiden Buchstaben anhand ihrer Position im Alphabet in Zahlen umwandeln und ihre Differenz berechnen. Diese Differenz entspricht dem Schlüssel s. Da es höchstens 26 unterschiedliche Schlüssel gibt, können wir alternativ versuchen, den Chiffretext mit allen möglichen Schlüsseln zu entschlüsseln, und erhalten (mit sehr hoher Wahrscheinlichkeit) nur für den richtigen Schlüssel einen sinnvollen Klartext.

Nicht nur unser einfaches Verschlüsselungssystem ist leicht zu knacken, sondern jedes *deterministische* Verfahren, bei dem jedem Klartext ein eindeutiger Chiffretext zugeordnet wird.

Wir können das obere Verfahren aber leicht anpassen und *perfekt sicher* machen. Der Begriff „perfekt sicher" ist vielleicht etwas irreführend, denn wir können zu einem Chiffretext immer versuchen, den Klartext zu erraten, und liegen damit möglicherweise richtig. Solange die Wahrscheinlichkeit, dass wir beim Raten richtig liegen, klein genug ist, kann die Gefahr allerdings vernachlässigt werden. Wenn der Chiffretext beispielsweise „x" ist, können wir raten, der Klartext wäre „f". Die Chance, dass wir richtig liegen, ist verschwindend gering, nämlich 1/26.

Mathematisch wird *perfekte Sicherheit* mit Hilfe von Wahrscheinlichkeiten so definiert, dass das Auftreten eines bestimmten Klar- und Chiffretexts voneinander unabhängig ist, d. h. $P(\text{Chiffretext}|\text{Klartext}) = P(\text{Chiffretext})$ [29], was interpretiert werden kann als „Die Wahrscheinlichkeit, den Klartext richtig zu erraten, ist vernachlässigbar".

Um zu vermeiden, dass ein Angreifer den Schlüssel basierend auf der Verteilung der Buchstaben erraten kann, können wir jedem Buchstaben einen eigenen Schlüssel geben. Die Nachricht „Klartext" hat 8 Buchstaben. Als Schlüssel können wir das Wort „Passwort" benutzen, das ebenfalls aus 8 Buchstaben besteht. Als Nächstes wandeln wir die Buchstaben in Zahlen um, indem jeder Buchstabe seiner Position im Alphabet zugeordnet wird, d. h., K wird zu 11, L zu 12, A zu 1 usw. Für „Klartext" ergibt sich damit (11, 12, 1, 18, 20, 5, 24, 20) und für „Passwort" (16, 1, 19, 19, 23, 15, 18, 20).

Wir können nun die Zahlen addieren und erhalten (27, 13, 20, 37, 43, 20, 42, 40). Leider haben wir nur 26 Buchstaben zur Verfügung und bekommen bei der 27 ein Problem, wenn wir die Zahl wieder in einen Buchstaben umwandeln wollen. Statt neue Zeichen zu erfinden, können wir wieder vorne anfangen, sobald wir den letzten Buchstaben (also 26) erreicht haben. Damit wird aus der 27 die 1, aus der 37 die 11 und so weiter. Für die Summe erhalten wir demnach

$$(27,13,20,37,43,20,42,40) = (1,13,20,11,17,20,16,14).$$

Übersetzt in Buchstaben ergibt dies den Chiffretext „Amtkqtpn". Mit dem Passwort können wir den verschlüsselten Text relativ einfach entschlüsseln. Wenn wir versuchen würden, den Klartext ohne Schlüssel zu erraten, wäre unsere Chance, richtig zu liegen, etwa 0,000 000 000 479 %, denn für jeden Buchstaben ist die Wahrscheinlichkeit 1/26 und bei 8 Buchstaben ergibt dies $(1/26)^8$.

Diese Art der Verschlüsselung, bei der jedes Zeichen einen eigenen Schlüssel erhält, wird als *One-Time-Pad* bezeichnet und ist perfekt sicher. Leider ist sie auch ineffizient: Zum einen muss der Schlüssel so lang sein wie die Nachricht und zum anderen brauchen Sender und Empfänger der Nachricht den Schlüssel. Bei langen Nachrichten ist der Schlüssel entsprechend groß und muss sicher zwischen Sender und Empfänger kommuniziert werden. Besonders bei Echtzeitanwendungen, wie dem Online-Banking, ist dieses Vorgehen nicht praktisch und es haben sich andere Verfahren durchgesetzt.

Verfahren, bei denen Sender und Empfänger denselben Schlüssel benutzen, werden *symmetrische Verschlüsselungsverfahren* genannt. Dem gegenüber stehen *asymmetrische Verschlüsselungsverfahren*, bei denen es einen öffentlichen Schlüssel gibt, mit dem Nachrichten verschlüsselt werden können, und einen privaten Schlüssel, mit dem Nachrichten wieder entschlüsselt werden können und der nur dem Empfänger bekannt ist.

Ein bekanntes, weitverbreitetes asymmetrisches Verschlüsselungsverfahren ist das RSA-Verfahren, benannt nach seinen Entwicklern Ronald Rivest, Adi Shamir und Leonard Adleman. Das RSA-Verfahren beantwortet auch die Frage, wie Primzahlen mit Verschlüsselung und Online-Banking zusammenhängen.

Primzahlen sind natürliche Zahlen (also 2, 3 oder 4 – nicht 1,5 oder 3,7) größer als 1, die nur durch 1 und sich selbst teilbar sind, zum Beispiel 2, 3, 5 und 7. Teilbar bedeutet hier ganzzahlig teilbar – natürlich kann 3 durch 2 geteilt werden und ergibt 1,5, aber das Ergebnis ist keine ganze Zahl. Primzahlen haben einige hilfreiche Eigenschaften und sind daher in der Mathematik wichtig – besonders in der Zahlentheorie und der Kryptographie.

Vereinfacht gesagt nutzt das RSA-Verfahren die Tatsache, dass es leicht ist, zwei Primzahlen zu multiplizieren, und umgekehrt schwierig für große Zahlen, die einzelnen Primfaktoren zu berechnen. Generell werden Funktionen, die selbst leicht und deren Umkehrung schwierig zu berechnen sind, als *Einwegfunktionen* bezeichnet. Basierend auf dieser Idee berechnet das RSA-Verfahren für zwei Primzahlen p und q einen öffentlichen und einen privaten Schlüssel, die für eine sichere Kommunikation genutzt werden können.

Auch moderne Verschlüsselungsverfahren bieten keine 100-prozentige Sicherheit – das ist auch gar nicht möglich, weil der Klartext immer erraten werden könnte. Solange die Wahrscheinlichkeit für das Erraten jedoch klein genug ist, gelten die Verfahren als ausreichend sicher. Auch wenn Passwörter oder verschlüsselte Nachrichten geknackt werden können, sollten wir uns nicht allzu verrückt machen, solange die Wahrscheinlichkeit dafür vernachlässigbar ist. Seitdem mein Professor in der Kryptographievorlesung erzählte, dass er selbst Online-Banking nutzt, habe ich selbst keine Bedenken mehr bezüglich der Sicherheit der Verfahren. Häufig ist das größere Sicherheitsrisiko, dass sensible Nachrichten unverschlüsselt verschickt werden – beispielsweise per E-Mail.

*   *   *

In der Kryptographie spielen Wahrscheinlichkeiten und Zufall eine Rolle, um die Sicherheit von Verschlüsselungsverfahren zu bewerten. Bisher haben wir uns mit Algorithmen und Optimierung in deterministischen Szenarien beschäftigt, bei denen Zufall keine wesentliche Rolle spielte. Außerdem haben wir gesehen, wie wir mit grundlegenden

Konzepten der Wahrscheinlichkeitstheorie und Statistik bessere Entscheidungen treffen können. Im Folgenden bringen wir diese Konzepte zusammen und versuchen mit Hilfe von Algorithmen unter Zufall und Unsicherheit möglichst gute Entscheidungen zu treffen.

Das Wichtigste in Kürze
- Verschlüsselungsverfahren sind nie zu 100 % sicher.
- Mit Hilfe von Wahrscheinlichkeiten kann die Sicherheit von Verschlüsselungsverfahren bewertet werden.
- Ein Beispiel für ein Verschlüsselungsverfahren ist das RSA-Verfahren – es basiert auf der Idee, dass es einfach ist, Primzahlen zu multiplizieren, aber schwierig, große Zahlen in ihre Primfaktoren zu zerlegen.

Verhandlungen und Parkplatzsuche – Optimal Stopping

Nach meiner Promotion wechselte ich zunächst aus der Wissenschaft in die Industrie. Um diesen Übergang möglichst nahtlos zu gestalten, suchte ich frühzeitig nach passenden Stellen. Manche Ausschreibungen passten besser und andere schlechter zu meinen Vorstellungen, manche Branchen und Firmen waren für mich spannender als andere, für manche Stellen war ich qualifiziert, für andere nur teilweise. Jede Bewerbung war mit einem gewissen Aufwand verbunden – vom Erstellen der Unterlagen bis zu den möglichen Vorstellungsgesprächen. War es sinnvoll, mich auf Stellen zu bewerben, für die ich nicht ausreichend qualifiziert war? In welcher Reihenfolge sollte ich mich bewerben? Was war das beste Vorgehen?

Wir haben bereits gesehen, dass ein Arbeitsmarkt, auf dem Bewerber aktiv nach Stellen suchen, tendenziell zu einer Stellenbesetzung führt, die aus Sicht der Bewerber optimal ist. Außerdem haben wir gesehen, dass es sinnvoll ist, sich auch auf Stellen mit geringer Erfolgsaussicht zu bewerben, weil die Erfolgschance durch viele Bewerbungen stark zunimmt. Im Gegensatz zum Vorgehen im Kapitel über stabile Matchings ist es unrealistisch und wenig effizient, sich nacheinander auf Stellen zu bewerben und vor einer neuen Bewerbung das Ergebnis des ersten Bewerbungsverfahrens abzuwarten.

Tatsächlich habe ich mich also parallel auf alle interessanten Stellen beworben. Manche Unternehmen hatten schnellere Bewerbungsprozesse als andere, und so zog sich meine Bewerbungsphase von der ersten Bewerbung bis zu den letzten Vorstellungsgesprächen über viele Wochen. Doch nach dem ersten Angebot stellte sich mir eine entscheidende Frage: Sollte ich das Angebot annehmen oder weiter nach einer noch besseren Stelle suchen? Oder anders: An welchem Punkt sollte ich ein Angebot annehmen, statt auf den Ausgang anderer Bewerbungsverfahren von möglicherweise interessanteren Stellen zu warten?

Im Alltag begegnen uns häufig Situationen, bei denen wir nacheinander verschiedene Alternativen kennenlernen und uns direkt für oder gegen die jeweilige Option entscheiden müssen, ohne die restlichen Möglichkeiten zu kennen.

In vielen Großstädten ist der Wohnraum knapp und Wohnungssuchende müssen ihr Interesse direkt bei der Besichtigung bekunden, weil die Wohnung andernfalls möglicherweise schnell vergeben ist. Dabei stellt sich die Frage, ob die Wohnung wirklich gut ist, oder es sinnvoller ist, vor einer Entscheidung weitere Wohnungen zu besichtigen.

Verkäufer auf Flohmärkten, Autohändler und Immobilienmakler müssen sich entscheiden, ob sie ein Kaufangebot annehmen oder auf einen weiteren Käufer warten, der ihnen möglicherweise ein besseres Angebot macht.

In Zeiten von Videoplattformen und Streaming-Diensten mit einer fast unendlichen Auswahl an Videos, ist es nützlich eine effiziente Strategie zu haben, um einen Film oder ein Video auszuwählen, ohne sich in der Suche zu verlieren. Das gilt genauso für die Suche nach einem Partner fürs Leben über Dating-Apps und Singlebörsen.

All diese unterschiedlichen Szenarien lassen sich zum *Optimal-Stopping*-Problem verallgemeinern. Die Herausforderung bei diesem Problem besteht darin, aus einer Reihe von Ereignissen $X_1, X_2, ..., X_n$, die entweder „Gelegenheiten" sind oder nicht, die letzte Gelegenheit auszuwählen – ohne zu wissen, ob nachfolgende Ereignisse Gelegenheiten sind.

Bei der Parkplatzsuche auf dem Weg zum Supermarkt kann jeder freie Parkplatz als „Gelegenheit" betrachtet werden. In diesem Fall ist das Ziel des Optimal-Stopping-Problems, die letzte Gelegenheit zu finden, d. h. den letzten freien Parkplatz vor dem Supermarkt.

Da wir bei der Parkplatzsuche und auch in vielen anderen Situationen nicht wissen, wann sich die letzte Gelegenheit bietet, ist es nicht einfach, die beste Option (d. h. die letzte Gelegenheit) zu wählen. Jedoch hat jedes Ereignis X_i eine gewisse Wahrscheinlichkeit, eine Gelegenheit zu sein: $P(X_i$ ist eine Gelegenheit$) = p_i$ und eine entsprechende Gegenwahrscheinlichkeit, keine Gelegenheit zu sein: $q_i = 1 - p_i$.

Ein Spezialfall ist das sogenannte *Sekretärinnenproblem*, bei dem die Erfolgswahrscheinlichkeiten eine spezielle Form haben. In diesem Fall betrachten wir nacheinander unabhängige Ereignisse $X_1, X_2, ..., X_n$ und ein Ereignis ist eine Gelegenheit, wenn es besser ist als alle vorherigen. Das ist beispielsweise bei Kaufangeboten der Fall. Ein Kaufangebot ist eine Gelegenheit, wenn es höher ist als alle vorherigen Angebote. Die letzte Gelegenheit ist das höchste Angebot: zum einen ist es höher als alle vorherigen (es ist eine Gelegenheit) und zum anderen höher als alle folgenden (sonst gäbe es eine weitere Gelegenheit). Umgekehrt ist ein Angebot keine Gelegenheit, falls es vorher bereits ein besseres gab.

Auch die Auswahl eines geeigneten Kandidaten aus mehreren Bewerbern ist ein Beispiel für das Sekretärinnenproblem (der Name des Problems bezieht sich auf die Suche nach einer Sekretärin und wirkt heutzutage wenig zeitgemäß). Wie beim Optimal Stopping wird auch hier die letzte Gelegenheit gesucht, also das letzte Kaufangebot oder der letzte Bewerber, das oder der besser ist als alle vorherigen, was allgemein dem besten Angebot bzw. Bewerber entspricht.

Es gibt eine einfache, optimale Strategie für das Sekretärinnenproblem, nämlich die ersten 37 % abzulehnen und danach die erste Gelegenheit wahrzunehmen [30]. Ein Recruiter, der 16 Bewerbungen für eine Stelle erhalten hat, würde die ersten 6 Bewerber ablehnen und danach den ersten Bewerber auswählen, der besser ist als alle vorherigen. Die Erfolgswahrscheinlichkeit beträgt mit dieser Strategie ebenfalls 37 % – die Zahl 0,37 tritt hier nicht zufällig auf, sondern ergibt sich aus der theoretischen Herleitung als $1/e$, wobei e die Eulersche Zahl bezeichnet und ungefähr 2,718 ist.

Die Wahrscheinlichkeiten können für das Sekretärinnenproblem relativ einfach hergeleitet werden. Das erste Kaufangebot ist immer eine Gelegenheit: Es ist besser als alle vorherigen, weil es vorher keine gab. In diesem Fall ist $p_1 = 1$. Das zweite Kaufangebot ist entweder besser oder schlechter als das erste. Da die Ereignisse voneinander unabhängig sind, beträgt die Wahrscheinlichkeit jeweils 50 %, also $p_2 = \frac{1}{2}$. Das dritte Ereignis ist mit einer Wahrscheinlichkeit von etwa 33 % besser als die anderen beiden und es gilt $p_3 = \frac{1}{3}$. Allgemein gilt für das Ereignis zum Zeitpunkt i, $p_i = \frac{1}{i}$, beispielsweise $p_{10} = \frac{1}{10}$.

Mit der Odds-Strategie (vgl. Algorithmus 15 – *Odd* engl. für *Chance*), die von dem deutschen Mathematiker F. Thomas Bruss entwickelt wurde, können Sie den optimalen Stoppzeitpunkt berechnen, d. h. den Zeitpunkt, bis zu dem alle Angebote abgelehnt und ab dem das erste Angebot angenommen wird, das besser als alle vorherigen ist.

Algorithmus 15 Pseudocode der Odds-Strategie – entwickelt von F. Thomas Bruss [30]

```
Odds-Strategie
Eingabe: Reihe von Ereignissen X₁, X₂, …, Xₙ mit
         Erfolgswahrscheinlichkeiten p₁, p₂, …, pₙ
Ausgabe: Optimale Stoppzeit und Erfolgs-
         wahrscheinlichkeit der Strategie
```
1. Berechne die Gegenwahrscheinlichkeiten
   $q_i = 1 - p_i$ für $i = 1, \ldots, n$
2. Berechne die Odds $r_i = p_i/q_i$ für $i = 1, \ldots, n$
3. Summiere die Odds rückwärts so lange bis die Summe größer oder gleich 1 ist
   mathematisch: Berechne k, so dass $R_k = \sum_{i=k}^{n} r_i \geq 1$ und $\sum_{i=k+1}^{n} r_i < 1$
4. Berechne das Produkt der letzten Gegenwahrscheinlichkeiten ab k
   mathematisch: Berechne das Produkt
   $Q_k = \prod_{i=k}^{n} q_i$
5. Berechne das Produkt aus der Summe (aus 3.) und dem Produkt (aus 4.)
   mathematisch: Berechne $W = R_k \cdot Q_k$
6. Gib Stoppzeit k und Erfolgswahrscheinlichkeit W zurück

Für einen Immobilienmakler, der eine Wohnung spätestens an den 10. Interessenten verkaufen und möglichst das beste Angebot auswählen möchte, können wir mit Hilfe der Odds-Strategie den optimalen Zeitpunkt auswählen, ab dem der Makler ein Angebot annehmen sollte, und die Wahrscheinlichkeit bestimmen, mit der er das beste Angebot auswählt. Durch Berechnen der Größen der Odds-Strategie erhalten wir Tab. 14.

Die Erfolgswahrscheinlichkeiten sind bereits bekannt und die Gegenwahrscheinlichkeiten ergeben sich, indem wir die Erfolgswahrscheinlichkeiten jeweils von 1 abziehen. Die Odds r_i können jetzt einfach als Quotienten von Erfolgs- und Gegenwahrscheinlichkeit berechnet werden. Die Summen R_i berechnen wir, indem wir bei dem letzten Quotienten r_{10} anfangen und die restlichen Quotienten schrittweise aufsummieren, d. h. nacheinander die Summen $R_9 = r_{10} + r_9$, $R_8 = r_{10} + r_9 + r_8$ usw. berechnen, bis die erste Summe größer als 1 ist – in diesem Fall also bis 4: $R_4 = r_{10} + r_9 + r_8 + r_7 + r_6 + r_5 + r_4$. Auf dieselbe Weise können wir rückwärts die Produkte der Gegenwahrscheinlichkeiten berechnen, also $Q_{10} = q_{10}$, $Q_9 = q_{10} \cdot q_9$, $Q_8 = q_{10} \cdot q_9 \cdot q_8$ bis $Q_4 = q_{10} \cdot q_9 \cdot q_8 \cdot q_7 \cdot q_6 \cdot q_5 \cdot q_4$.

Da R_5 kleiner und R_4 größer als 1 ist, liegt die optimale Stoppzeit bei 4, d. h., der Makler sollte die ersten drei Angebote abwarten und erst ab dem vierten ein Angebot annehmen, das besser ist als alle vorherigen. Die Wahrscheinlichkeit, mit dieser Strategie das beste Angebot aus den 10 Angeboten auszuwählen, liegt dann bei $W = R_4 \cdot Q_4 = 1{,}329 \cdot \frac{3}{10} = 0{,}3987$, also bei etwa 40 %. Würde der Makler ein zufälliges Angebot auswählen oder grundsätzlich das erste Angebot annehmen, wäre die Wahrscheinlichkeit, das beste Angebot zu erwischen, lediglich 10 % und damit deutlich geringer.

* * *

Tab. 14 Anwendung der Odds-Strategie auf das Sekretärinnenproblem mit 10 Ereignissen

Interessenten i	1	2	3	4	5	6	7	8	9	10
Erfolgswahrscheinlichkeit p_i	1	$\frac{1}{2}$	$\frac{1}{3}$	$\frac{1}{4}$	$\frac{1}{5}$	$\frac{1}{6}$	$\frac{1}{7}$	$\frac{1}{8}$	$\frac{1}{9}$	$\frac{1}{10}$
Gegenwahrscheinlichkeit q_i	0	$\frac{1}{2}$	$\frac{2}{3}$	$\frac{3}{4}$	$\frac{4}{5}$	$\frac{5}{6}$	$\frac{6}{7}$	$\frac{7}{8}$	$\frac{8}{9}$	$\frac{9}{10}$
Odd r_i	–	1	$\frac{1}{2}$	$\frac{1}{3}$	$\frac{1}{4}$	$\frac{1}{5}$	$\frac{1}{6}$	$\frac{1}{7}$	$\frac{1}{8}$	$\frac{1}{9}$
Summe (rückwärts) R_i	–	2,829	1,829	1,329	0,996	0,746	0,546	0,379	0,236	0,111
Produkt (rückwärts) Q_i	0	$\frac{1}{10}$	$\frac{2}{10}$	$\frac{3}{10}$	$\frac{4}{10}$	$\frac{5}{10}$	$\frac{6}{10}$	$\frac{7}{10}$	$\frac{8}{10}$	$\frac{9}{10}$

Barcelona ist kulturell und wirtschaftlich eine der wichtigsten Städte Europas und nach ihrer Einwohnerzahl die zweitgrößte Stadt Spaniens. Obwohl Barcelona mit mehr als 1,6 Mio. Einwohnern in etwa so groß ist wie Hamburg und München mit jeweils ca. 1,9 und 1,5 Mio. Einwohnern, liegt die Stadt mit ihren etwa 100 km^2 flächenmäßig zwischen Oldenburg und Bottrop [31, 32]. In Barcelona wohnen also auf einer kleinen Fläche sehr viele Menschen (die Bevölkerungsdichte ist etwa 4-mal so hoch wie in München und Berlin – den dichtesten Städten Deutschlands), was zu sehr, sehr vielen Verkehrsteilnehmern führt. Trotzdem fließt der Verkehr in der mediterranen Stadt, was vor allem an dem gut ausgebauten Bus- und U-Bahnnetz und einem stark genutzten Fahrradleihsystem liegt.

Während meiner Auslandssemester in Barcelona fuhr ich – wie viele andere Studierende auch – meistens mit dem Leihfahrrad zur Uni. Da an jeder Station nur eine bestimmte Anzahl Fahrräder abgestellt werden konnte, waren die freien Plätze an den Stationen rund um die Universität besonders beliebt. Je näher eine Station an der Uni war, desto voller war sie meistens und desto unwahrscheinlicher war es, dort einen freien Platz zu finden. Mit dem Odds-Algorithmus hätte ich berechnen können, ab welcher Station ich nach einem freien Platz hätte suchen sollen, um nicht jedes Mal minutenlang die Stationen abklappern zu müssen.

Angenommen es gäbe 10 Stationen in der Nähe der Uni und die Wahrscheinlichkeit für einen freien Platz an der letzten Station direkt am Eingang beträgt 10 %, für die nächste 20 % usw. bis zur entferntesten Station, an der immer Plätze frei sind. Wir können diese Wahrscheinlichkeiten in einer Tabelle festhalten:

Station i	1	2	3	4	5	6	7	8	9	10
Wahrscheinlichkeit freier Platz p_i	1	0,9	0,8	0,7	0,6	0,5	0,4	0,3	0,2	0,1
Wahrscheinlichkeit kein freier Platz q_i	0	0,1	0,2	0,3	0,4	0,5	0,6	0,7	0,8	0,9

Für die Odds ergibt sich damit

Odd r_i	–	9	4	2,33	1,5	1	0,67	0,43	0,25	0,11

und für die rückwärts aufsummierten Odds R_{10} = 0,11, R_9 = 0,36, R_8 = 0,79 und R_7 = 1,46. Damit hätte ich ab der 7. Station nach einem freien Platz suchen sollen.

Die Wahrscheinlichkeit, einen Abstellplatz für mein Fahrrad zu finden, wäre dann

$$W = R_7 \cdot Q_7 = 1,46 \cdot 0,3024 = 44\%,$$

denn $Q_7 = q_{10} \cdot q_9 \cdot q_8 \cdot q_7 = 0,3024$.

In den meisten Situationen kennen wir die genauen Erfolgswahrscheinlichkeiten nicht. Indem wir die Wahrscheinlichkeiten schätzen, können wir die Odds-Strategie trotzdem anwenden.

Zusammenfassend ist es sinnvoll, nicht die erste Gelegenheit wahrzunehmen, sondern zunächst einige Gelegenheiten zu beobachten und sich ab einem späteren Zeitpunkt zu entscheiden – egal ob beim Verkauf von Waren oder Immobilien oder der Parkplatzsuche.

Das Wichtigste in Kürze
- Die Odds-Strategie hilft bei einer Reihe von Ereignissen, die letzte Gelegenheit zu finden
- Beim *Sekretärinnenproblem* sollten die ersten 37 % der Ereignisse beobachtet und danach die erste Gelegenheit ausgewählt werden – allgemein ist es sinnvoll, die ersten Gelegenheiten zu ignorieren und erst ab einem späteren Zeitpunkt die nächste Gelegenheit wahrzunehmen
- Beispiele für Optimal-Stopping-Probleme im Alltag sind die Wohnungs-, Job- und Parkplatzsuche.

Sicherheit und Fußballfans – Klassifikatoren

15 h und 14 min. So lange habe ich in den letzten 2 Wochen mein Handy benutzt. Im Durchschnitt verbringen die Deutschen knapp 4 h pro Tag am Smartphone [33]. Auch wenn meine persönliche Nutzung unter dem Durchschnitt liegt, spielt sich ein Großteil meines beruflichen und privaten Lebens digital ab. Umso wichtiger ist es mir, dass meine persönlichen Daten wie Fotos, Dokumente und Kontaktdaten geschützt sind. Dafür setze ich zum einen auf einen Code, mit dem mein Handy entsperrt werden kann, und alternativ auf meinen Fingerabdruck. Fingerabdruckscanner haben es im letzten Jahrzehnt aus James-Bond-Filmen in den Mainstream geschafft und nutzen, ebenso wie Systeme der Gesichtserkennung, biometrische Merkmale, die sich von Person zu Person unterscheiden.

Das Entsperren des Smartphones mit einem Fingerabdruck passiert dabei in zwei Schritten. Nachdem der Fingerabdruck eingescannt wurde, muss das Handy überprüfen, ob es sich bei dem Nutzer tatsächlich um den Besitzer des Handys handelt und der Bildschirm entsperrt werden soll oder ob eine andere Person versucht, sich Zugriff zu dem Gerät zu verschaffen. Dafür wird der gescannte Fingerabdruck mit einem hinterlegten Fingerabdruck des Handybesitzers verglichen und das Handy nur entsperrt, wenn die beiden Fingerabdrücke übereinstimmen. Dieser Abgleich hat es allerdings in sich, weil zwei Scans desselben Fingers nie exakt gleich sind. Die Position und der Winkel könnten minimal abweichen oder der Finger könnte trockener oder verschwitzter sein als beim hinterlegten Fingerabdruck. Dadurch kann das Smartphone höchstens prüfen, ob die Fingerabdrücke ausreichend ähnlich sind.

Mathematisch handelt es sich dabei um eine *Klassifizierung*, denn der eingescannte Fingerabdruck soll in eine der beiden Klassen „Fingerabdruck des Besitzers" oder „Fingerabdruck einer anderen Person" eingeteilt werden. Algorithmen, die Dinge klassifizieren, werden als *Klassifikatoren* bezeichnet. Bei Klassifizierungen mit zwei Kategorien sprechen wir von *binären Klassifizierungen* und die beiden Klassen werden oft vereinfacht als „positiv" und „negativ" bezeichnet. Beim Entsperren eines Handys wäre beispielsweise der Fingerabdruck des Besitzers „positiv" und ein fremder Fingerabdruck „negativ". Konzeptionell ähneln binäre Klassifikatoren statistischen Tests und es kann zu denselben Fehlern kommen: Ein „positives" Element kann fälschlicherweise als „negativ" klassifiziert werden und umgekehrt kann ein „negatives" Element der Klasse „positiv" zugeordnet werden (s. Tab. 15).

Wenn mein Finger beispielsweise zu trocken ist oder in einem ungünstigen Winkel auf dem Scanner liegt, wird er möglicherweise nicht erkannt, also fälschlicherweise „negativ" klassifiziert. Umgekehrt könnte eine fremde Person einen ähnlichen Fingerabdruck haben und mein Handy entsperren – in diesem Fall wäre der Fingerabdruck „falsch positiv".

Um zu bewerten, wie gut ein Klassifikator ist, können wir den Anteil der richtig klassifizierten Elemente an allen Elementen betrachten. Wenn von 100 Fingerabdrücken 95 richtig klassifiziert werden, hat der Klassifikator eine *Genauigkeit* von 95 %. Die Genauigkeit gibt uns einen ersten Anhaltspunkt, wie gut ein Klassifikator ist. So ist eine

Tab. 15 Mögliche Ergebnisse eines binären Klassifikators

	Das Element ist „positiv"	Das Element ist „negativ"
Die Klassifizierung ist „positiv"	✓ Richtig Positiv (RP)	✗ Falsch Positiv (FP)
Die Klassifizierung ist „negativ"	✗ Falsch Negativ (FN)	✓ Richtig Negativ (RN)

Genauigkeit von 95 % sicher besser als eine Genauigkeit von 5 %, aber sie kann uns auch in die Irre führen: Mein Handy könnte sich beispielsweise bei jedem Fingerabdruck entsperren. Wenn ich mein Handy 95-mal entsperre und eine weitere Person es 5-mal entsperrt, also 5 % der Fingerabdrücke „falsch positiv" sind, ist die Genauigkeit 95 %, aber das Handy alles andere als sicher.

Eine Alternative zur Genauigkeit ist deshalb die *Spezifität*, die definiert ist als die Anzahl der „richtig negativ" klassifizierten Elemente geteilt durch die Anzahl aller negativen Elemente, also formal RN/(RN + FP). In dem Beispiel wurden alle 5 fremden Fingerabdrücke falsch klassifiziert, also gibt es keine „richtig negativen" und 5 „falsch positive" Fingerabdrücke. Damit ist die Spezifität 0/(0 + 5) = 0. Im Idealfall, wenn keine fremden Fingerabdrücke akzeptiert werden, wäre die Spezifität 100 %.

Umgekehrt könnte es genauso passieren, dass 95-mal andere Personen versuchen, mein Handy zu entsperren, und ich lediglich 5-mal. Wenn mein Handy alle Fingerabdrücke ablehnt, ist die Genauigkeit wieder 95 % und die Spezifität liegt in diesem Fall sogar bei 100 %, da RN = 95, FP = 0 und deshalb RN/(RN + FP) = 95/(95 + 0) = 1. Trotzdem wäre dieser Klassifikator ebenfalls wenig nützlich, wenn ich mein Handy nicht entsperren kann. Abhilfe verschafft hier die *Sensitivität*, die definiert ist als Anteil der „richtig positiv" klassifizierten Elemente an allen positiven Elementen, also RP/(RP + FN). Die Sensitivität des Klassifikators, der alle Fingerabdrücke ablehnt, ist 0, da RP = 0, FN = 5 und deshalb RP/(RP + FN) = 0/(0 + 5) = 0.

Keine einzelne Kennzahl, weder Genauigkeit, Spezifität noch Sensitivität kann die Qualität eines Klassifikators vollständig abbilden. Durch die Kombination der drei Größen erhalten wir jedoch ein ganzheitliches Bild und können entscheiden, wie vertrauenswürdig ein Klassifikator ist – in diesem Fall also die Fingerabdruckerkennung.

Grundsätzlich ist die Erkennung von Fingerabdrücken zuverlässig und der Aufwand, sie auszutricksen, tendenziell hoch. Wer den Klassifizierungen des Handys trotzdem nicht traut, kann auch weiterhin auf eine PIN setzen. Um eine höhere Sicherheit zu gewährleisten als Fingerabdrücke, sollte die PIN jedoch entsprechend gut gewählt werden. Die Kombination 1234 oder das eigene Geburtsjahr gehören mit zu den häufigsten Kombinationen und sind nicht empfehlenswert. Auch die PINs 1848, 1904 und 1909 sind zumindest im Ruhrgebiet weit verbreitet: Sie beziehen sich auf die Gründungsjahre der Fußballvereine aus Bochum, Gelsenkirchen und Dortmund.

Allgemein hat der Fußball im Ruhrgebiet einen hohen Stellenwert und Rivalitäten machen – zumindest zu Zeiten von Derbys – auch vor Freundschaften keinen Halt. Um nicht in ein Fettnäpfchen zu treten, ist es deshalb bei Personen, die wir neu kennenlernen, hilfreich zu wissen, mit welchem Verein sie sympathisieren. In den Städten mit eigenen erfolgreichen Vereinen, ist der wahrscheinlichste Verein die jeweilige Heimmannschaft. Aber wie sieht es in Städten wie Herne oder Recklinghausen aus, die in unmittelbarer Nähe zu den drei großen Fußballvereinen liegen? Wenn wir den Lieblingsverein eines zufälligen Recklinghäusers vorhersagen wollen, was wäre ein guter Tipp?

Ebenso wie die Überprüfung eines Fingerabdrucks, handelt es sich hierbei um eine Klassifizierung. Ein einfacher und trotzdem wichtiger Klassifizierungsalgorithmus ist der *k*-nächste-Nachbarn-Algorithmus (auch *k-Nearest-Neighbors-Algorithmus* – vgl. Algorithmus 16). Der Algorithmus basiert auf der Idee, dass nahe beieinanderliegende Punkte zur selben Klasse gehören – also beispielsweise Menschen, die in der Nähe wohnen tendenziell denselben Fußballverein unterstützen.

> **Algorithmus 16 Pseudocode des K-nächste-Nachbarn-Algorithmus [34]**
>
> ```
> k-nächste-Nachbarn-Algorithmus (auch k-Nearest-
> Neighbors-Algorithmus)
> Eingabe: Stichprobe (X₁, y₁), (X₂, y₂), …, (Xₙ, yₙ)
>          Anzahl der Nachbarn k
>          Zu klassifizierender Punkt X
> Ausgabe: Klassifizierung y für den Punkt X
> 1. Berechne für jeden Punkt X₁, X₂, …, Xₙ den Abstand zu X
> 2. Suche aus der Stichprobe die k nächsten Punkte um X
> 3. Bestimme die häufigste Klasse y der Nachbarn
> 4. Gib die häufigste Klasse als Klassifizierung für X
>    zurück
> ```

Angenommen wir kennen die Lieblingsvereine von 500 Recklinghäusern, d. h. für jede Person X den Verein y. Unsere Stichprobe besteht also aus 500 Paaren (X_1,y_1), (X_2,y_2), …, (X_{500},y_{500}), wobei X jeweils für die Person und y für den Fußballverein steht. Um den k-nächste-Nachbarn-Algorithmus anwenden zu können, müssen wir zunächst festlegen, wie viele Nachbarn bei einer Vorhersage berücksichtigt werden sollen. Falls wir glauben, dass die drei nächsten Nachbarn aussagekräftig sind, können wir $k = 3$ wählen. Um den Lieblingsverein eines weiteren Recklinghäusers X_{501} vorherzusagen, müssen wir als Erstes für alle bekannten Recklinghäuser $X_1, X_2, …, X_{500}$ die Entfernung zu X_{501} berechnen. Wenn wir die Entfernungen kennen, können wir die drei Recklinghäuser mit der kürzesten Entfernung suchen – also die drei nächsten Nachbarn. Als Nächstes bestimmen wir den häufigsten Verein unter den drei Nachbarn. Wenn unter den Nachbarn zwei Fans des VfL Bochum und einer von Borussia Dortmund sind, ist der häufigste Verein, und damit die Vorhersage für den neuen Recklinghäuser X_{501}, der VfL Bochum (vgl. Abb. 16).

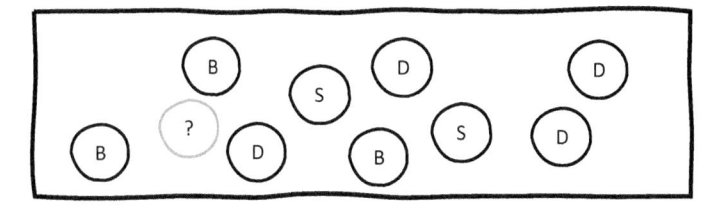

Abb. 16 Fans der Fußballvereine VfL Bochum (B), Borussia Dortmund (D) und FC Schalke (S). Für die Person (?) ist der zugehörige Verein gesucht

Der k-nächste-Nachbarn-Algorithmus funktioniert in vielen Situationen gut, hängt aber von zwei entscheidenden Größen ab: der Anzahl der Nachbarn und der Distanz zwischen zwei Elementen X_1 und X_2. Bei einer zu kleinen Anzahl von Nachbarn k hängt die Vorhersage sehr stark von der Stichprobe und damit vom Zufall ab – die Klassifikation hat eine hohe Varianz. Wenn die Anzahl der Nachbarn allerdings zu groß gewählt wird, werden die Klassen bevorzugt, die am häufigsten in den Daten vorkommen. Wenn wir im oberen Beispiel $k = 500$ gewählt hätten, wäre die Vorhersage immer der häufigste Fußballverein und völlig unabhängig von dem neuen Recklinghäuser und seinen Nachbarn. In diesem Fall ist die Varianz der Klassifikation klein, aber die erwartete Abweichung (auch *Verzerrung* genannt) vom realen Lieblingsverein groß: Die Vorhersage ist immer falsch, wenn es sich beim Lieblingsverein nicht um den häufigsten Verein handelt. Dieser Konflikt zwischen großer Varianz (für kleines k) und großer Verzerrung (für großes k) begegnet uns bei den meisten Klassifikatoren. Letztlich sollte k nicht zu klein und nicht zu groß gewählt werden, um einen Kompromiss zwischen den beiden Größen zu finden. Wo dieser Kompromiss liegt, hängt von der konkreten Situation ab und kann nicht pauschal beantwortet werden.

Neben der Anzahl der Nachbarn ist auch die Definition von „Nachbar" entscheidend bzw. die Art, wie wir Distanzen zwischen zwei Elementen messen. Im oberen Beispiel könnte die Entfernung zwischen zwei Recklinghäusern der Distanz zwischen ihren Wohnorten entsprechen. Wir könnten stattdessen auch die Entfernung zwischen ihren aktuellen geographischen Positionen oder ihren Arbeitsplätzen messen. In diesem Fall wären die nächsten Nachbarn entweder die Nachbarn (vom Wohnort), die Personen, die sich aktuell in der Nähe aufhalten, oder die Arbeitskollegen.

Der k-nächste-Nachbarn-Algorithmus kann nicht nur für Klassifikationen genutzt werden, d. h., wenn wir ein Individuum einer Kategorie zuordnen wollen. Es ist auch möglich, stetige Größen wie das Einkommen einer Person vorherzusagen. Auch hier kann es sinnvoll sein, die Nachbarn für eine Vorhersage heranzuziehen, wobei sich „Nachbar" je nach Distanzmaß auf echte Nachbarn, Arbeitskollegen oder andere Personen beziehen kann. In diesem Fall könnten wir das Einkommen einer Person schätzen, indem wir den Durchschnitt der Nachbarseinkommen berechnen.

Der k-nächste-Nachbarn-Algorithmus ist einfach und vielseitig einsetzbar, wenn wir eine passende Stichprobe haben. Wenn die Stichprobe zu klein ist, sind die Vorhersagen wenig aussagekräftig, und falls sie groß ist, ist die Anwendung aufwendig, weil die Distanz zu jedem Punkt berechnet werden muss.

Eine Alternative zum k-nächste-Nachbarn-Algorithmus sind *Entscheidungsbäume*, die wir auch dann konstruieren können, wenn wir keine oder nur wenige Daten haben. Wir können beispielsweise versuchen, für das obere Problem einen Entscheidungsbaum zu definieren, ohne die Lieblingsvereine einzelner Recklinghäuser zu kennen. Dabei können wir Einflussfaktoren wie das Alter, den aktuellen Stadtteil, den Geburtsort und die Vorlieben von Familienangehörigen berücksichtigen, oder ob die Person eine Zeitlang in einer der Städte Bochum, Dortmund oder

Algorithmen und Zufall: Optimale ... 137

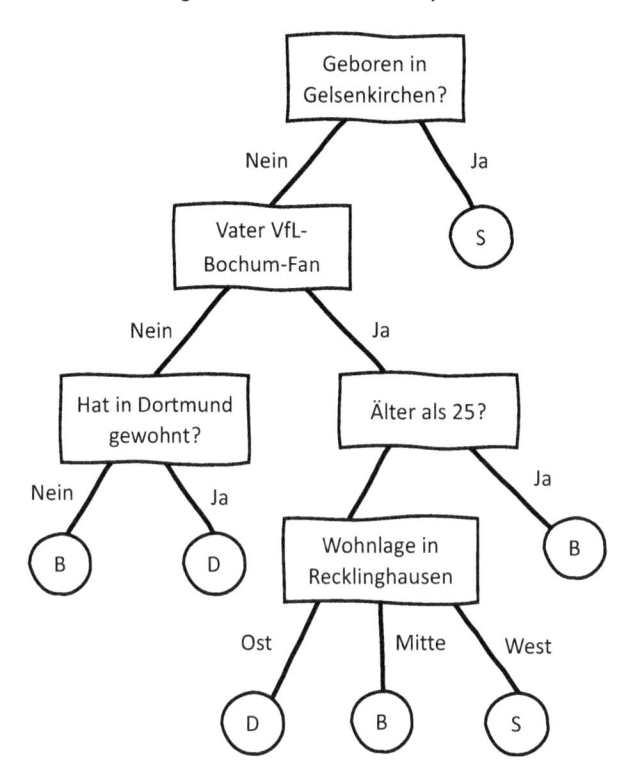

Abb. 17 Regelbasierter Entscheidungsbaum zur Klassifizierung (Vorhersagen der Lieblingsvereine) von Recklinghäusern: VfL Bochum (B), Borussia Dortmund (D) und FC Schalke (S)

Gelsenkirchen gewohnt hat. Dadurch ergibt sich beispielsweise ein Entscheidungsbaum wie in Abb. 17.

Mit dem Entscheidungsbaum können wir nun versuchen, den Lieblingsverein eines beliebigen Recklinghäusers vorherzusagen. Dafür fangen wir mit der ersten Frage (dem ersten *Knoten*) an und beantworten die Fragen so lange bis wir bei einer Klassifikation angekommen sind. Für einen in Gelsenkirchen geborenen Recklinghäuser ist unser Tipp, er sei Fan von Schalke. Ein 30-jähriger gebürtiger Recklinghäuser, dessen Vater VfL Bochum Fan ist, würde wie der Vater als Bochum-Fan klassifiziert.

Wie bei jedem anderen Klassifikator kann es auch bei Entscheidungsbäumen zu Fehlern kommen. Regelbasierte Entscheidungsbäume sind dabei anfälliger für Fehlentscheidungen, wenn die Muster tatsächlich komplexer sind als die Regeln des Entscheidungsbaums. Falls wir eine Stichprobe haben, können wir auch datenbasierte Entscheidungsbäume entwickeln, die mit Hilfe mathematischer Methoden selbständig die Entscheidungsregeln der einzelnen Knoten definieren. Wenn Daten verfügbar sind, führen datenbasierte Entscheidungsbäume häufig zu zuverlässigeren Klassifikationen als Regeln, die auf Erfahrungen beruhen. In der Praxis dienen Entscheidungsbäume als Grundlage für komplexere Algorithmen wie beispielsweise *Random Forests* (engl. für *zufällige Wälder*), die aus mehreren Entscheidungsbäume bestehen und so mit einfachen Bäumen komplexe Muster abbilden können.

Entscheidungsbäume finden vor allem dort Anwendung, wo schnell gute Entscheidungen getroffen werden müssen, wie in der Notfallmedizin oder der Entscheidungstheorie. So gibt es beispielsweise beim Black Jack eine optimale Strategie, die mit einem Entscheidungsbaum dargestellt werden kann und basierend auf den Karten des Dealers und des Spielers eine Aktion vorschlägt.

Im Gegensatz zum k-nächste-Nachbarn-Algorithmus sind Entscheidungsbäume sehr effizient, da nur die relevanten Knoten durchgegangen werden, bis eine Klassifikation erreicht wurde, und nicht zunächst für jeden Datenpunkt der (möglicherweise sehr großen) Stichprobe eine Entfernung berechnet werden muss. Außerdem sind die Klassifikationen von Entscheidungsbäumen transparent und können gut nachvollzogen werden – dies ist bei komplexeren Modellen, wie *künstlichen neuronalen Netzen*, nicht der Fall und ein Grund dafür, dass Entscheidungsbäume nach wie vor weit verbreitet sind.

Grundsätzlich begegnen uns Klassifikatoren häufig unbemerkt im Alltag, beispielsweise bei Spamfiltern oder Virenscannern, die E-Mails auf Spam bzw. Programme und Dateien auf Viren untersuchen, und sie in die Klassen „Spam" und „kein Spam" bzw. „Virus" und „kein Virus" einteilen. Sie stecken auch hinter komplexeren Technologien. Es gibt unterschiedliche Methoden, um *Deepfakes* zu erstellen, also beispielsweise „Fotos" von Menschen, die gar nicht existieren. Hinter einer weit verbreiteten Methode, den sogenannten *Generative Adversarial Networks*, stecken zwei Modelle: ein Modell, das Bilder generiert, und eins, das echte von generierten Bildern unterscheiden soll. Während das erste Modell lernt, immer realistischere Bilder zu erzeugen, wird die Klassifikation des zweiten Modells immer zuverlässiger – bis zu dem Punkt, an dem das erste Modell Bilder erzeugen kann, die täuschend echt aussehen und sich nicht mehr von echten Bildern unterscheiden lassen.

Das Wichtigste in Kürze
- Wenn neue Elemente basierend auf einer Stichprobe in Kategorien eingeteilt werden sollen, handelt es sich um eine *Klassifizierung*.
- Klassifikatoren begegnen uns im Alltag, beispielsweise bei Fingerabdruckscannern und Spamfiltern.
- Beispiele für einfache Klassifikatoren sind der k-nächste-Nachbarn-Algorithmus und Entscheidungsbäume.

Der Fluch der Dimensionalität – Dimensionsreduktion

Seit meinem Studium lehre ich in den Bereichen Mathematik und Statistik. Zunächst habe ich vor allem Übungsgruppen im Mathematikstudium geleitet. Hier war es recht einfach, die Studierenden zu motivieren und aktiv einzubinden, denn wer Mathematik studiert, interessiert sich tendenziell für das Fach. Mit der Zeit habe ich jedoch immer öfter Mathematikveranstaltungen für Studierende anderer Fachrichtungen übernommen. Manche Studierende glauben, nach der Schule nicht mehr mit Mathematik konfrontiert zu werden, aber sie spielt in vielen Disziplinen eine zentrale Rolle: von den Natur- über die Ingenieurwissenschaften bis zur Informatik. Bei diesen Veranstaltungen ist es häufig deutlich schwieriger, die Studierenden für das Fach und die Fragestellungen zu motivieren und zu einer aktiven Teilnahme anzuregen.

In letzter Zeit hat sich mein Fokus in der Lehre leicht verschoben und ich unterrichte vor allem Studierende der Informatik zu Themen wie „Künstliche Intelligenz" und „Maschinelles Lernen". Dieser Bereich, in einer Schnittmenge zwischen Mathematik, Statistik und Informatik, wird aktuell stark nachgefragt und die Studierenden sind entsprechend motiviert.

Egal ob Mathematik, Statistik oder Informatik, die Themen in meinen Vorlesungen können schnell abstrakt und dadurch kompliziert werden. Neben einer Motivation und Aktivierung der Studierenden ist es meine Aufgabe als Dozent, die Themen so zu erklären, dass die Studierenden sie gut verstehen können.

Auf der einen Seite muss ich dafür komplizierte Themen vereinfachen und auf die wichtigsten Aspekte und Ideen reduzieren, damit sich Studierende nicht in Details verlieren. Auf der anderen Seite dürfen entscheidende Feinheiten nicht fehlen, die zum Verständnis beitragen.

Doch nicht nur in der Lehre ist das Reduzieren von komplizierten Themen auf zentrale Punkte wichtig. Auch wenn wir Daten analysieren, ist es oft hilfreich, die Komplexität der Daten soweit wie möglich zu reduzieren, ohne dabei wichtige Informationen zu verlieren.

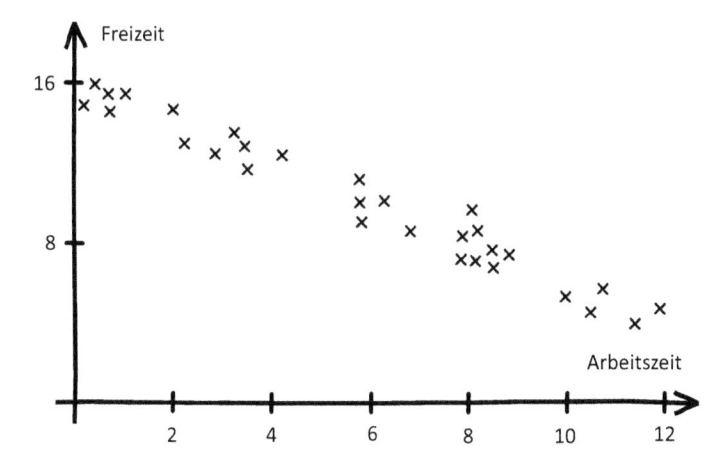

Abb. 18 Tägliche Arbeits- und Freizeit (ohne Schlaf) von 30 Personen in Stunden

Angenommen wir hätten die durchschnittlichen täglichen Zeiten für Arbeit und Freizeit (ohne Schlaf) von 30 Personen, wie in Abb. 18 dargestellt. Offensichtlich sind die Zeiten stark abhängig. Das ist wenig überraschend, denn je mehr jemand arbeitet, desto weniger Freizeit hat die Person. Doch aufgrund dieser starken Abhängigkeit sind die Informationen – zumindest teilweise – redundant. So können wir eine Gerade durch die Punkte legen und basierend auf der Arbeitszeit die freie Zeit relativ genau vorhersagen. Wir können die zwei Angaben (Arbeitszeit und Freizeit) auf eine einzige Angabe reduzieren (Arbeitszeit oder Freizeit), ohne wesentliche Informationen zu verlieren. Wenn die Anzahl der Angaben wie im oberen Beispiel reduziert wird, sprechen wir von einer *Dimensionsreduktion*.

Tatsächlich ist die zweidimensionale Darstellung schon eine vereinfachte Version und wir könnten als dritte Angabe noch die Schlafdauer berücksichtigen, die in diesem Fall jedoch immer bei etwa 8 h liegt und nur wenige zusätzliche Informationen enthält. Aber auch wenn die Schlafdauer nur wenig Informationen enthält und wir die freie

Zeit anhand der Arbeitszeit relativ genau vorhersagen können, warum sollten wir uns darum bemühen, die Dimension zu reduzieren? Warum behalten wir nicht alle Informationen?

Entscheidungen werden komplizierter, je komplexer die zugrundeliegenden Daten sind. Insbesondere hochdimensionale Daten, also Beobachtungen, die viele Angaben enthalten, erschweren die Entscheidungsfindung. In Abb. 19 sind drei geometrische Figuren abgebildet: links eine Linie, in der Mitte ein Quadrat und rechts ein Würfel, jeweils mit Seitenlänge 2. Mit dieser Seitenlänge hat die Linie die Länge 2, das Quadrat die Fläche $2^2 = 4$ und der Würfel das Volumen $2^3 = 8$. Das Volumen der Figur mit Seitenlänge 2 nimmt also exponentiell zu. Das gilt auch in höheren Dimensionen, die wir uns nicht vorstellen können, aber mit denen wir trotzdem rechnen. Das exponentielle Wachstum des Volumens und Probleme, die mit ihm in Verbindung stehen und bei der Auswertung von hochdimensionalen Daten auftreten, werden unter dem Begriff *Fluch der Dimensionalität* zusammengefasst.

Die einfachste Möglichkeit, die Dimension von Daten zu reduzieren und die Daten dadurch übersichtlicher zu machen, ist es, einfach bestimmte Dimensionen bzw. Angaben, die nur einen geringen Informationsgehalt haben,

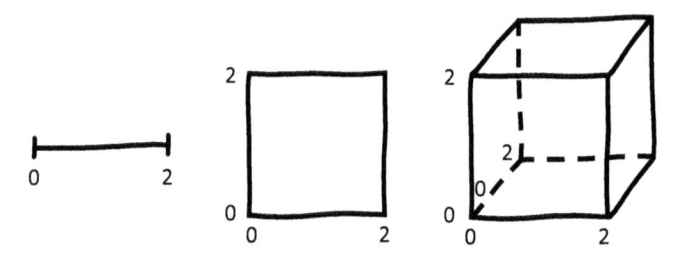

Abb. 19 Eine Linie, ein Quadrat und ein Würfel, jeweils mit der Seitenlänge 2 und exponentiell wachsendem Inhalt

wegzulassen. Im oberen Beispiel haben wir die Schlafzeit ausgelassen, da sie immer etwa 8 h beträgt und wenig Informationen liefert.

Angenommen wir möchten unsere Bücher in einem Buchregal neu sortieren. Wir haben bereits Sortieralgorithmen kennengelernt, um Bücher und andere Gegenstände effizient zu sortieren. Diese Algorithmen haben jedoch immer eine klare Ordnung vorausgesetzt, mit der wir die Bücher eindeutig sortieren können. Doch es ist nicht immer klar, wie eine sinnvolle Ordnung aussieht. In meinem Bücherregal befinden sich Fachbücher, (populärwissenschaftliche) Sachbücher und Romane. Die Themen der Fach- und Sachbücher decken unterschiedliche Bereiche ab. Natürlich habe ich Bücher aus den Bereichen Mathematik, Statistik und Informatik, aber auch aus angrenzenden Gebieten, wie der Physik, der Psychologie oder den Neurowissenschaften. Ergibt hier eine alphabetische Sortierung nach dem Namen der Autoren Sinn? Wäre eine alphabetische Sortierung nach Titel oder eine chronologische Sortierung sinnvoller? Wie können Bücher sinnvoll in meinem Regal angeordnet werden?

Wir haben unterschiedliche Informationen zu den Büchern, wie zum Beispiel das Erscheinungsjahr, das Thema, der Titel des Buches oder eine Einteilung in Fachbücher, Sachbücher und Romane. So können wir jedes Buch darstellen als 5-dimensionale Beobachtung mit den Informationen

$$Buch = (Buchart, Thema, Titel, Jahr, Autor).$$

Das Buch *Eine kurze Geschichte der Zeit* von Stephen Hawking würde der Beobachtung (Sachbuch, Physik, *Eine kurze Geschichte der Zeit*, 1988, Stephen Hawking) entsprechen. Wie bereits oben erwähnt, ist eine einfache Möglichkeit zur Reduktion der Dimension, unwichtige Daten wegzulassen. Wenn uns egal ist, in welchem Jahr ein

Buch erschienen ist, und ob es sich um einen Roman, ein Sach- oder ein Fachbuch handelt, dann können wir die Angaben zu den Büchern zu (*Thema, Titel, Autor*) reduzieren. Aus dem oberen Buch würde die 3-dimensionale Beobachtung (Physik, *Eine kurze Geschichte der Zeit*, Stephen Hawking). Jetzt können wir die Bücher – zum Beispiel mit einem der Sortieralgorithmen vom Anfang des Buches – zunächst nach dem Thema, anschließend nach Autor und zuletzt nach dem Titel sortieren. Dadurch erhalten wir eine Ordnung, die mehr als eine Eigenschaft berücksichtigt, aber andererseits nur solche Eigenschaften, die wir als wichtig empfinden.

Neben dieser einfachen Methode zur Reduzierung der Dimension, bei der wir einfach Informationen weglassen, die wir als unwichtig einschätzen, gibt es effektivere Möglichkeiten, mit denen wir weniger der ursprünglichen Informationen verlieren. Eine dieser Methoden ist die *Hauptkomponentenanalyse*, bei der im Grunde versucht wird, „typische" Bestandteile der Daten zu finden, aus denen sich die unterschiedlichen Beobachtungen zusammensetzen.

Beispielsweise sind in Abb. 20 die jährlichen Temperaturverläufe in 73 spanischen Städten abgebildet. Der Durchschnitt der Temperaturverläufe und die ersten beiden Hauptkomponenten dieser Daten sind jeweils in Abb. 21 links bzw. rechts dargestellt. Neben dem Durchschnitt sind die Hauptkomponenten dabei wesentliche Bestandteile der ursprünglichen Verläufe. Für jede Stadt gibt es Zahlen x und y, sodass wir die jährliche Temperaturkurve annähern können durch

Durchschnitt + x · „1. *Komponente*" + y · „2. *Komponente*".

Wir können die jährlichen Temperaturverläufe also durch die beiden Zahlen x und y beschreiben, ohne wesentliche Informationen zu verlieren. Mathematisch handelt es sich bei den Zahlen x und y um die „Projektion der Temperaturkurven auf ihre ersten beiden Hauptkomponenten". Die Projektionen der 73 Temperaturverläufe sind in Abb. 22 zu sehen.

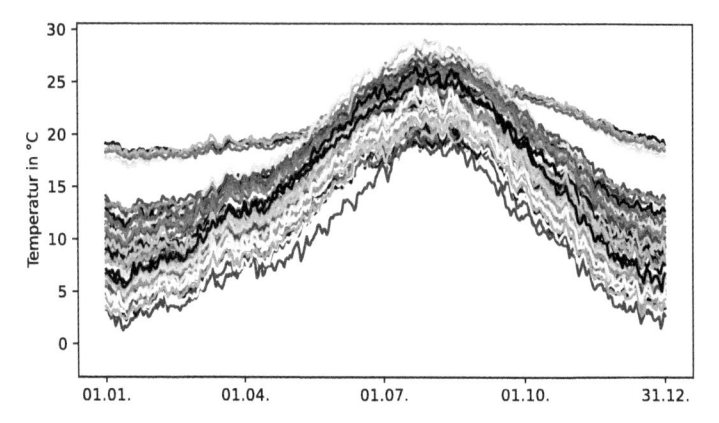

Abb. 20 Jährliche Temperaturverläufe in 73 spanischen Städten [35]

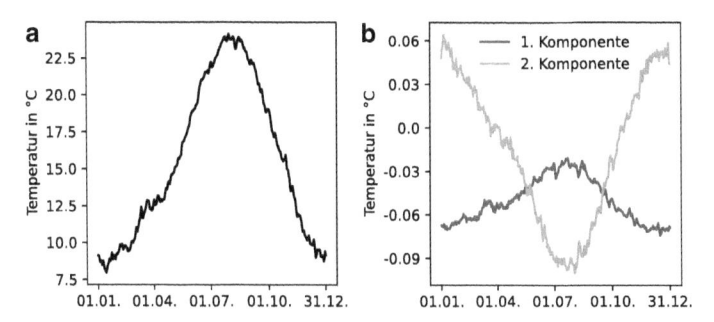

Abb. 21 Mittelwert (**a**) und erste zwei Hauptkomponenten (**b**) der jährlichen Temperaturverläufe aus Abb. 20

Doch wie können wir die Projektionen interpretieren und warum sind sie hilfreich? Die Temperaturverläufe in Abb. 20 sind unübersichtlich und geben uns nur wenige Informationen über einzelne Orte. Wir können erkennen, dass es im Winter kühler und im Sommer wärmer ist. Außerdem gibt es eine Stadt, in der es das ganze Jahr über deutlich kühler ist als im Rest Spaniens und eine Handvoll Städte mit einem milden Klima, bei denen die Temperaturen auch im Winter bei etwa 18 Grad liegen. Die Verläufe aller anderen Wetterstationen gehen in der Menge unter. In

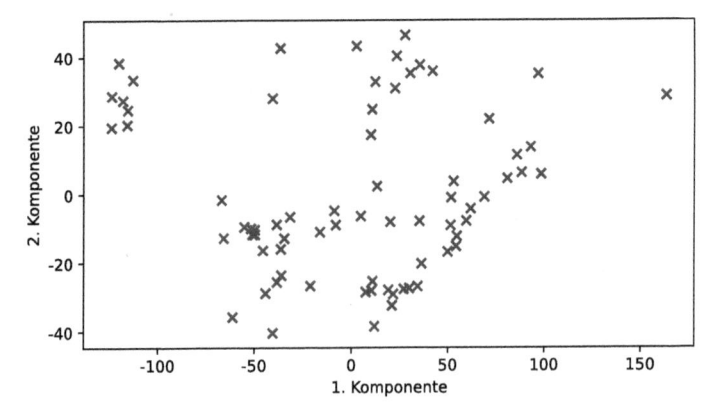

Abb. 22 Projektion der Temperaturkurven aus Abb. 20 auf die ersten zwei Hauptkomponenten (Reduktion der Dimension von 365 auf 2)

Abb. 22 repräsentiert jeder Punkt den ganzen Verlauf einer Wetterstation und ist deutlich übersichtlicher als die Kurven in Abb. 20. Um die Punkte jedoch interpretieren zu können, müssen wir uns zunächst die beiden Hauptkomponenten in Abb. 21 (**b**) angucken. Hier fällt auf, dass die erste Hauptkomponente immer negativ, d. h. kleiner als 0 ist. Städte, deren Projektion x auf die erste Hauptkomponente hohe Werte annimmt, haben ein kälteres Klima und Städte mit großen negativen Werten haben ein entsprechend wärmeres Klima.

Die zweite Hauptkomponente ist im Winter positiv und im Sommer negativ. Dies ist im Grunde der gegenteilige Verlauf des Durchschnitts, bei dem die Werte im Sommer hoch und im Winter niedrig sind. Städte, deren Projektion y auf die zweite Hauptkomponente hohe Werte annimmt, haben daher tendenziell ein milderes Klima. Dem gegenüber stehen Städte mit großen negativen Werten, die ein extremeres Klima mit großen Temperaturschwankungen zwischen Sommer und Winter haben.

Wenn wir die Projektionen in Abb. 22 genauer betrachten, fällt eine Gruppe von Punkten „oben links" in der Grafik auf, d. h. Orte mit großen negativen Werten auf der x- und großen positiven Werten auf der y-Achse. Diese Städte haben ein warmes, mildes Klima und entsprechen der Gruppe, die wir bereits in Abb. 20 identifiziert haben. Hinter diesen Punkten stecken Wetterstationen auf den kanarischen Inseln. Weiter fällt uns ein einzelner Punkt „ganz rechts" auf, mit sehr hohen Werten auf der x-Achse. Hier ist das Wetter ganzjährig besonders kühl. Hinter diesem Punkt steckt eine Wetterstation in Navacerrada, einer Kleinstadt in den Bergen nordwestlich von Madrid, die uns ebenfalls in Abb. 20 aufgefallen ist.

* * *

Methoden, die effektiv die Dimension von Daten reduzieren, können nicht nur zum Sortieren von Büchern, Filmen oder anderen Gegenständen genutzt werden. Sie ermöglichen es auch, Daten wie Musik oder Fotos zu komprimieren, und effizient, beispielsweise als mp3- oder JPEG-Dateien zu speichern.

Neben der klassischen Hauptkomponentenanalyse, die im Grunde „typische" Bestandteile der Daten findet und dabei alle verfügbaren Informationen berücksichtigt, gibt es Adaptionen, die es erlauben, irrelevante Informationen zu ignorieren [36].

Häufig ist die Dimensionsreduktion der erste Schritt, um Daten zu vereinfachen und übersichtlicher darstellen zu können. Dadurch wird die anschließende Auswertung und Entscheidungsfindung leichter. Beispielsweise fällt es einfacher, niedrigdimensionale Daten zu Klassifizieren oder Ausreißer zu erkennen. Im nächsten Kapitel geht es um eine andere Fragestellung, bei der eine vorherige Reduzierung der Dimension oft hilfreich ist.

Als Alternative zur Dimensionsreduktion gibt es spezielle Methoden zur Auswertung hochdimensionaler Daten. Im Bereich der *funktionalen Datenanalyse* wurden viele Konzepte der klassischen Statistik auf solche Daten übertragen [37–39].

Das Wichtigste in Kürze
- Komplexe Daten erschweren die Entscheidungsfindung.
- Die Dimensionsreduktion ist oft der erste Schritt, um Daten zu vereinfachen und anschließend leichter Entscheidungen treffen zu können.
- Beispiele für hochdimensionale Daten sind Temperaturkurven und Informationen über Bücher.

Sitzpläne und Sightseeing – Clustering

Wenn in Hollywoodfilmen geheiratet wird, sind die Feiern meistens pompös und wenig schlicht. Die Hochzeit wird jahrelang geplant und alles bis ins kleinste Detail organisiert. Dabei lassen professionelle Hochzeitsplaner keine Wünsche offen. Auch wenn Hochzeiten nach US-amerikanischem Vorbild in Deutschland immer aufwendiger werden, war zumindest meine eigene Hochzeit deutlich bodenständiger. Dank einer spektakulären mittelalterlichen Location mussten wir uns wenig Gedanken um die Dekoration machen und auch alles andere – von Hochzeitsfotos über die Musik bis zur Gastronomie – war schnell geplant. Mit Hilfe von moderner Grafiksoftware konnten wir mit wenigen Klicks durch mathematische Operationen, wie Rotation und Skalierung, ansprechende Einladungen selbst gestalten. Die gesamte Hochzeitsvorbereitung lief mühelos und ohne Probleme ab – bis zu einem letzten Punkt: der Sitzplanung.

Wir hatten zu unserer Hochzeit etwa 50 Personen eingeladen: Familie, Freunde und (ehemalige) Kollegen. Doch wer sollte mit wem an einem Tisch sitzen? Sollten wir einfach einen zufälligen Sitzplan erstellen? Sollten unsere Eltern mit uns (als Brautpaar) an einem Tisch sitzen? Und unsere 4 Geschwister? Und ihre Familien? Wie würde das zu der Vorgabe passen, dass an jedem Tisch zwischen 6 und 8 Personen sitzen sollten? Also doch ohne Geschwister? Und wie sollten wir unsere Freunde, die wir teilweise aus der Schule, aus dem Studium oder von der Arbeit kennen, aufteilen? Natürlich sind auch unsere Freunde zu unterschiedlichen Graden untereinander vernetzt, was wir bei der Sitzplanung berücksichtigen wollten. Wie konnten wir unter all diesen Bedingungen eine Sitzordnung erstellen?

Zunächst haben wir versucht, unsere Gäste in möglichst passende Gruppen aufzuteilen, zum Beispiel Schulfreunde, ehemalige Kommilitonen und unsere Familien. Manche Gäste gehörten zu mehreren dieser Gruppen und konnten dadurch als eine Art Joker an unterschiedliche Tische gesetzt werden. Mit Hilfe der identifizierten Gruppen und der variablen Tischgröße zwischen 6 und 8 Personen konnten wir (teilweise auch durch das Aufteilen einzelner Gruppen) letztlich einen geeigneten Sitzplan erstellen.

Wenn eine Gesamtheit von Objekten in Gruppen aufgeteilt wird, spricht man in der Mathematik vom *Clustering* und die identifizierten Gruppen werden als *Cluster* bezeichnet. Mathematisch gesprochen, haben wir unsere Hochzeitsgäste also geclustert.

Da wir einzelne Beobachtungen in Gruppen zusammenfassen, ähnelt das Clustering der Klassifizierung. Der Unterschied zwischen beiden Ansätzen besteht darin, dass bei der Klassifizierung die Gruppen bzw. Kategorien bereits im Vorfeld feststehen, beim Clustering jedoch erst entdeckt werden. Hätten wir die Hochzeitsgäste in festgelegte Kategorien wie Familie und Freunde eingeteilt, hätten wir unsere Gäste klassifiziert. Da wir die Gruppen jedoch basierend auf den Beziehungen der Gäste untereinander definiert haben und dabei gewisse Gruppen entstanden sind, haben wir unsere Gäste geclustert.

Ein Anwendungsbereich von Klassifizierung und Clustering ist das Sortieren von Kleidung im Kleiderschrank. Wenn wir unsere Kleidung nach Art der Kleidungsstücke in Hosen, Hemden, T-Shirts, Jacken etc. einteilen, klassifizieren wir die Kleidung. Wenn wir Kleidung jedoch zu unterschiedlichen Outfits zusammenfassen, je nachdem welche Kleidungsstücke zusammenpassen, clustern wir die Kleidung.

Angenommen wir planen einen dreitägigen Städtetrip nach Barcelona und wollen uns im Vorfeld überlegen, welche Sehenswürdigkeiten wir an welchem Tag besichtigen. Eine schematische Karte der Stadt, zusammen mit einigen Sehenswürdigkeiten befindet sich in Abb. 23. Wenn wir uns die Karte genauer angucken, stellen wir fest, dass sich die Sehenswürdigkeiten leicht in zwei Gruppen einteilen lassen: in die Nummern 1 bis 5 und 6 bis 16. Doch der Kurztrip soll drei Tage dauern, wie können wir die Orte also möglichst gut in drei Gruppen einteilen?

Eine Methode, um Cluster in einem Datensatz zu erkennen und die gesamten Daten in eine vorgegebene Anzahl von Gruppen aufzuteilen, ist der *k-Means-Algorithmus* (vgl. Algorithmus 17). Wir können diesen Algorithmus nutzen, um Sehenswürdigkeiten basierend auf ihrer Distanz in drei Gruppen einzuteilen.

Der erste Schritt besteht darin, drei zufällige Mittelpunkte (Means) für die Cluster zu wählen. Dies sind beispielsweise die Orte $m_1 = 1$, $m_2 = 8$ und $m_3 = 10$, die in Abb. 24 (links oben) grau markiert sind. Im nächsten Schritt ordnen wir jedem der Orte 1 bis 16 den nächstgelegenen Mittelpunkt zu. Für die Orte 1 bis 5 ist der nächstgelegene Mittelpunkt der Punkt m_1. Für die Orte 6 bis 8 und 12 bis 16 entspricht der nächste Mittelpunkt dem

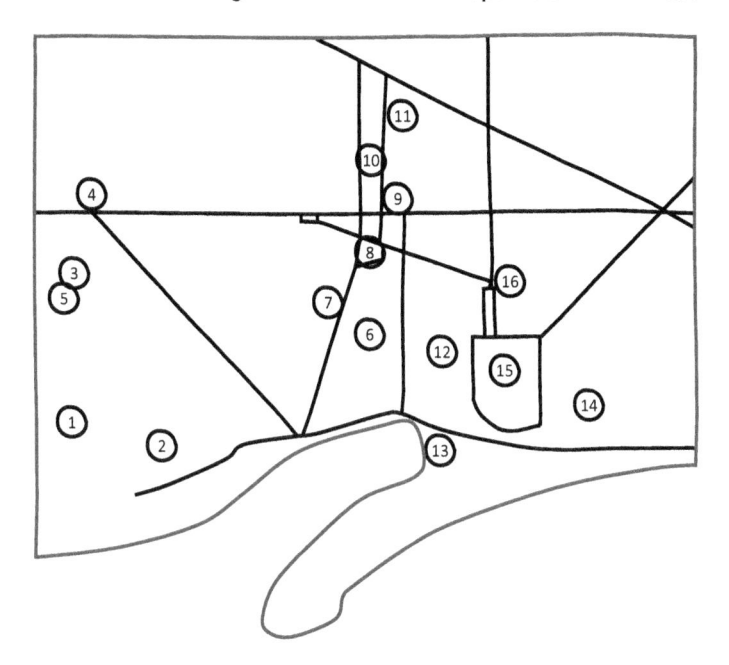

Abb. 23 Schematische Karte von Barcelona mit einigen Sehenswürdigkeiten: Castell de Montjuïc (1), Telefèric de Montjuïc (2), Font Màgica de Montjuïc (3), Plaça d'Espanya (4), Museu Nacional d'Art (5), Barri Gòtic (6), La Rambla (7), Plaça de Catalunya (8), Passeig de Gràcia (9), Casa Batlló (10), Casa Milà (11), El Born (12), Barceloneta (13), Vila Olímpica (14), Parc de la Ciutadella (15), Arc de Triomf (16)

Punkt m_2 und für die Orte 9 bis 11 dem Punkt m_3. Wir erhalten damit die Cluster {1, 2, 3, 4, 5} zu m_1, {6, 7, 8, 12, 13, 14, 15, 16} zu m_2 und {9, 10, 11} zu m_3.

Als Nächstes berechnen wir zu jedem Cluster den neuen Mittelpunkt – oder anschaulich gesprochen, das Zentrum jeder Gruppe. Diese neuen Mittelpunkt sind in Abb. 24 (rechts oben) durch Kreuze markiert. Anschließend suchen wir wieder für jeden der Orte 1 bis 16 den (neuen) nächstgelegenen Mittelpunkt. Da nun der Punkt m_3 näher an Ort 8 ist, ändern sich die Cluster zu: {1, 2, 3, 4, 5} für m_1, {6, 7, 12, 13, 14, 15, 16} für m_2 und {8, 9, 10, 11} für m_3.

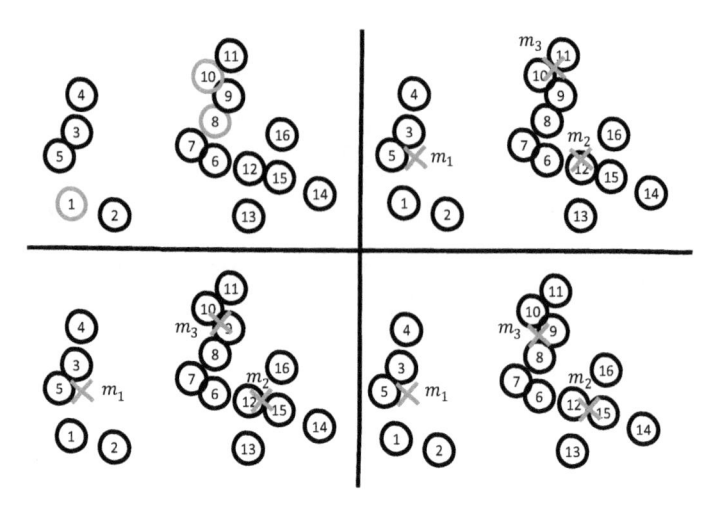

Abb. 24 Visualisierung der Schritte des k-Means-Algorithmus für die Sehenswürdigkeiten aus Abb. 23 und k = 3. Links oben (1. Schritt): zufällige Mittelwerte 1, 8 und 10. Rechts oben: Mittelwerte nach erster Iteration. Links unten: Mittelwerte nach zweiter Iteration. Rechts unten: Mittelwerte nach Beendigung des Algorithmus

Im nächsten Schritt bestimmen wir für die neuen Cluster wieder die neuen Zentren (vgl. links unten in Abb. 24). Da der dritte Mittelpunkt durch Ort 8 weiter nach unten gerutscht ist, ist er näher an Ort 7 als m_2, sodass sich die Cluster {1, 2, 3, 4, 5} zu m_1, {6, 12, 13, 14, 15, 16} zu m_2 und {7, 8, 9, 10, 11} zu m_3 ergeben. Anschließend bestimmen wir wieder die neuen Clusterzentren (vgl. rechts unten in Abb. 24). Für die neuen Mittelpunkte erhalten wir dieselben Cluster wie im vorherigen Schritt. Damit haben wir die Abbruchbedingung des k-Means-Algorithmus erreicht und eine stabile Lösung erhalten.

Basierend auf den Gruppen, die wir durch den k-Means-Algorithmus gefunden haben, können wir den Kurztrip nach Barcelona planen. Am ersten Tag können wir die Sehenswürdigkeit rund um den Montjuïc besuchen, am zweiten Tag dann das historische Zentrum mit der Plaça de Catalunya, La Rambla und den Gebäuden Casa Batlló und Casa Milà des katalanischen Architekten Antoni Gaudí. Den Abschluss bilden die Sehenswürdigkeiten rund um die Stadtteile Barri Gòtic, El Born und Barceloneta.

In einer Stadt wie Barcelona gibt es viel mehr zu entdecken als die bekannten Sehenswürdigkeiten. Auch wenn wir versuchen können, einen Städtetrip durch das Clustering der Sehenswürdigkeiten zu optimieren, sollten wir ausreichend Zeit einplanen, um die Stadt abseits der Touristen-Hotspots kennenzulernen.

Clustering ist eng verbunden mit der Dimensionsreduktion eines Datensatzes. Indem wir zunächst die Dimension reduzieren, können wir anschließend leichter Cluster finden. Im letzten Kapitel haben wir beispielsweise zunächst die jährlichen Temperaturverläufe in spanischen Städten von 365 Dimensionen (eine Messung pro Tag) auf zwei Dimensionen reduziert (vgl. Abb. 22). Anhand dieser reduzierten Darstellung können wir einfacher Städte mit ähnlichem Klima gruppieren als mit der ursprünglichen Darstellung als Temperaturverlauf über die Zeit.

Algorithmus 17 Pseudocode des k-Means-Algorithmus [34]

```
k-Means-Algorithmus
Eingabe: Stichprobe X₁, X₂, …, Xₙ
         Anzahl der Cluster/Gruppen k
Ausgabe: Einteilung der Stichprobe in k Cluster
1. Wähle k zufällige Mittelwerte (Means) m₁, m₂, …, mₖ
2. Wiederhole, bis sich die Zuordnung nicht mehr ändert:
3. Ordne jeden Punkt dem nahegelegensten Mittelwert zu
4. Berechne aus den Punkten um jeden Mittelwert
   (Cluster) den neuen Mittelwert als Durchschnitt
   der Punkte
5. Gib die Cluster und ihre Mittelwerte zurück
```

Andererseits können wir aber auch mit Hilfe von Clustering-Algorithmen die Dimension von Daten reduzieren. Wenn wir – wie im letzten Kapitel – Bücher anhand der Informationen Buchart, Thema, Titel, Jahr und Autor sortieren wollen, können wir die Bücher zunächst basierend auf der Buchart und dem Thema in unterschiedliche Gruppen einteilen. Innerhalb der Gruppen haben alle Bücher ähnliche Eigenschaften, d. h. eine ähnliche Buchart (Sach- oder Fachbuch gegenüber Romanen), und behandeln ähnlichen Themen. Die Angaben Buchart und Thema enthalten in den Gruppen nur einen geringen Informationsgehalt. Deshalb können wir diese Informationen bei der Sortierung innerhalb der Gruppen vernachlässigen und nur die restlichen Informationen zum Autor, Buchtitel und Jahr der Veröffentlichung berücksichtigen.

Clustering-Algorithmen sind nicht nur bei der Planung des Sitzplans einer Hochzeit oder eines Städtetrips nützlich. Wir clustern Dinge im Alltag (meistens unbewusst), wenn wir Objekte anhand ihrer Eigenschaften in Gruppen einteilen. Andererseits werden auch wir geclustert, beispielsweise wenn Unternehmen ihre Kunden in unterschiedliche Segmente einteilen oder wenn soziale Netzwerke ihre Nutzer in unterschiedliche Gemeinschaften/Communitys einteilen.

Das Wichtigste in Kürze
- Clustering bezeichnet das Zusammenfassen von Objekten zu Gruppen.
- Bei der Klassifizierung stehen die Kategorien von Beginn an fest, beim Clustering sind sie das Ergebnis der Einteilung.
- Beispiele für Objekte, die wir (häufig unbewusst) im Alltag clustern, sind Personen (Sitzplan), Orte (Sehenswürdigkeiten) und Gegenstände (Bücher).

Suche nach dem besten Film – Recommender Systems

Während meines Studiums und auch zu Beginn meiner Promotion hatte ich keinen Fernseher, da neben der Arbeit, Sport und ehrenamtlichen Tätigkeiten ohnehin wenig Zeit blieb. Durch den Einzug meiner Freundin verschoben sich meine Prioritäten, sodass wir uns zunächst einen Fernseher anschafften und später ein Abo bei einem Video-Streaming-Dienst abschlossen – etwas, gegen das ich mich jahrelang erfolgreich gewehrt hatte. Wenn es um Serien und Filme geht, haben wir sehr unterschiedliche Geschmäcker, was es jedes Mal zu einer Herausforderung macht, etwas zu finden, das wir beide gerne gucken würden. Glücklicherweise versuchen Streaming-Anbieter, mit Hilfe von Empfehlungsdiensten (engl. *Recommender Systems*) passende Inhalte vorzuschlagen und so die Suche zu vereinfachen. Dies birgt jedoch auch die Gefahr, dass nur eine bestimmte Art von Inhalten angezeigt wird, und andere, möglicherweise interessantere Inhalte herausgefiltert werden.

Es gibt unterschiedliche Ansätze, um die relevantesten Inhalte für Nutzer zu finden. Die zwei wichtigsten sind *kollaborative* und *inhaltsbasierte Empfehlungsdienste*. Darüber hinaus spielen vor allem Empfehlungsdienste eine wichtige Rolle, die auf *Reinforcement Learning* beruhen – einer Familie von Algorithmen, mit denen wir uns in den nächsten beiden Kapiteln beschäftigen werden.

Kollaborative Empfehlungsdienste basieren auf der Idee, dass Nutzer, die in der Vergangenheit ähnliche Inhalte mochten, auch in Zukunft einen ähnlichen Geschmack haben werden. Angenommen wir betreiben einen Video-Streaming-Dienst mit den 5 Nutzern und 6 Filmen aus Tab. 16. Anna hat bereits die drei Filme Star Wars, Der Herr der Ringe und Fluch der Karibik gesehen, wobei sie die ersten beiden gut fand und Letzteren schlechter be-

Tab. 16 Filme und ihre Bewertungen durch Nutzer eines Video-Streaming-Dienstes. + und - symbolisieren jeweils eine positive bzw. negative Bewertung

	Anna	Jan	Lea	Marie	Max
Star Wars	+	+		-	+
Der Herr der Ringe	+		+	-	+
Harry Potter			+	+	
X-Men		+		-	+
Star Trek		+	+		
Fluch der Karibik	-		+	+	-

wertet hat. Welchen Film sollten wir ihr als Nächstes vorschlagen? Wenn wir Anna mit allen anderen Nutzern vergleichen, fällt auf, dass ihre Bewertungen denen von Max am ähnlichsten sind, da sie bei den drei oben genannten Filmen übereinstimmen. Weiter hat Max den Film X-Men positiv bewertet, den Anna noch nicht gesehen hat. Da ihre Geschmäcker bei den ersten drei Filmen übereinstimmten, ist X-Men möglicherweise ein guter Vorschlag.

Das obere Vorgehen besteht grundsätzlich aus zwei Schritten. Wenn wir Bewertungen wie in Tab. 16 gegeben haben, können wir für einen Nutzer zunächst die k ähnlichsten Nutzer finden, zum Beispiel mit dem k-nächste-Nachbarn-Algorithmus. Anschließend können wir aus den Filmen, die der Nutzer noch nicht gesehen hat, den Film auswählen, der von den k ähnlichsten Nutzern am besten bewertet wurde [40].

Kollaborative Empfehlungsdienste sind besonders hilfreich, wenn eine Plattform viele Nutzer hat und dadurch möglichst ähnliche Nutzer gefunden werden können. Deshalb sind sie besonders bei großen Plattformen im Einsatz – von Streaming-Anbietern bis zu Online-Händlern.

Demgegenüber stehen inhaltsbasierte Empfehlungsdienste, die den Fokus von den Nutzern auf die Inhalte verlagern und auch von einzelnen Personen genutzt werden können. Für inhaltsbasierte Empfehlungsdienste be-

Tab. 17 Filme mit ihren Genres und Bewertungen durch einen Nutzer. + und - symbolisieren jeweils eine positive bzw. negative Bewertung

Film	Genre	Bewertung
Star Wars	Science-Fiction	+
Der Herr der Ringe	Fantasy	+
Harry Potter	Fantasy	-
X-Men	Science-Fiction	+
Star Trek	Science-Fiction	
Fluch der Karibik	Fantasy	

nötigen wir Informationen über die Inhalte, die beispielsweise durch Keywords oder kurze Beschreibungen gegeben sein können. Im Beispiel des Video-Streaming-Diensts könnten beispielsweise für jeden Film das Genre gegeben sein und für manche Filme eine Bewertung durch den Nutzer (vgl. Tab. 17).

Der Nutzer aus Tab. 17 hat von den 6 angebotenen Filmen die ersten 4 gesehen und bewertet. Welcher der verbleibenden 2 Filme wird dem Nutzer besser gefallen? Von den bewerteten Filmen sind jeweils 2 Filme Science-Fiction und 2 Fantasy. Die beiden Science-Fiction-Filme wurden positiv bewertet, von den Fantasy-Filmen je einer positiv und einer negativ. Im Durchschnitt hat der Nutzer die Science-Fiction-Filme also positiv und die Fantasy-Filme neutral bewertet, sodass er vermutlich Star Trek (Science-Fiction) gegenüber Fluch der Karibik (Fantasy) vorziehen würde.

Inhaltsbasierte Empfehlungsdienste haben den Vorteil, dass die Vorschläge nicht von anderen Nutzern abhängen und so auch für kleine Plattformen mit wenigen Nutzern funktionieren können. Voraussetzung dafür ist aber, dass ausreichend Informationen über die Inhalte vorliegen, damit gute Vorschläge gemacht werden können. Bei Filmen reicht das Genre vermutlich nicht aus, um wirklich nützliche Vorschläge zu erhalten.

Allgemein funktionieren moderne Empfehlungsdienste aus Sicht der Unternehmen gut und machen häufig sinnvolle Vorschläge. Je ausgereifter die Empfehlungsdienste jedoch werden, desto größer wird die Gefahr, dass Nutzer in ein *Rabbit Hole* gelockt werden und schrittweise durch gezielte Inhalte manipuliert oder zum Konsum angeregt werden.

Für Zuschauer ist es leichter, nach einem Film abzuschalten als nach der Folge einer Serie, die häufig mit einem Cliffhanger endet. Deshalb ist es für Video-Streaming-Dienste besser, den Nutzern eine Serie mit vielen Staffeln vorzuschlagen, als einen Film, der in der Regel lediglich 90 bis 150 min lang ist. Dieses vorausschauende Vorschlagen von Inhalten wird ermöglicht durch Empfehlungsdienste, die auf Reinforcement Learning basieren, um das es im nächsten Kapitel geht.

Das Wichtigste in Kürze
- Empfehlungsdienste (*Recommender Systems*) werden genutzt, um Nutzern passende Inhalte vorzuschlagen – von Streaming-Diensten bis Online-Händlern.
- Die wichtigsten Empfehlungsdienste sind *kollaborativ*, d. h., es werden Inhalte vorgeschlagen, die ähnlichen Nutzern gefallen haben.
- Beispiele für die Anwendung von Empfehlungsdiensten sind Streaming-Dienste und Onlineshops

Pizzerien und Entscheidungen – Reinforcement Learning

„Was ist eine Diät?" – Am Anfang meines Studiums saß ich häufig stundenlang mit meiner Lerngruppe in der Bibliothek, wo wir gemeinsam Vorlesungen nachbereiteten und versuchten, Übungsaufgaben zu lösen. In den ersten Semestern des Mathematikstudiums ist es nützlich, eine hohe Frustrationstoleranz zu entwickeln. Neben den mathematischen Inhalten ist vor allem das Formalisieren (also das „richtige" Aufschreiben von Ideen und Beweisen) eine Herausforderung, die Anfänger nicht selten überfordert. Mir hat meine Lerngruppe geholfen, diese Frustration zu bewältigen, indem wir auch über andere Themen als Vorlesungen und Übungsaufgaben gesprochen haben. Dabei sind wir öfter abgeschweift und haben über völlig andere Themen gesprochen, zum Beispiel darüber, was eine Diät ist.

Umgangssprachlich wird unter einer Diät eine Ernährungsform zur Gewichtsreduktion verstanden. Dem gegenüber stehen Diäten im Kraftsport, wo es oft üblich war, dass eine Zeit der reduzierten Kalorienzufuhr (häufig im Frühling und Sommer) einer Phase der erhöhten Kalorienzufuhr (häufig im Herbst und Winter) folgte. Unsere Diskussion darüber, was eine Diät sei, drehte sich konkreter um die Frage, ob eine Ernährung, bei der die Mittagessen nur aus Pizzen bestehen, eine Diät sei oder nicht. Von der Frage bewegten wir uns schnell zu der Frage, wie sich eine Pizza-basierte Ernährung auf die Leistung im Sport und Studium auswirken würde. Nach unserer Diskussion hatten wir zwar keine endgültigen Antworten gefunden, dafür aber eine Wette abgeschlossen, dass wir es durchhalten würden, zwei Wochen lang mittags nur Pizza zu essen.

Auch wenn mein Studium und damit auch die Wette schon lange her sind, esse ich (neben einer ansonsten ausgewogenen und gesunden Ernährung) immer noch gerne und regelmäßig Pizza – heute jedoch meistens aus einer Pizzeria statt dem Backofen. Ich habe über viele Jahre meine „Pizza-Expertise" aufgebaut und den Anspruch entwickelt, möglichst die beste Pizza in meinem Umkreis zu essen. Bei über 100 Pizzerien in der Stadt ist die Auswahl allerdings nicht ganz einfach. Glücklicherweise gibt es eine Reihe mathematischer Methoden, die mir bei dieser Entscheidung helfen können und unter dem Begriff *Reinforcement Learning* (engl. für *bestärkendes Lernen*) zusammengefasst werden.

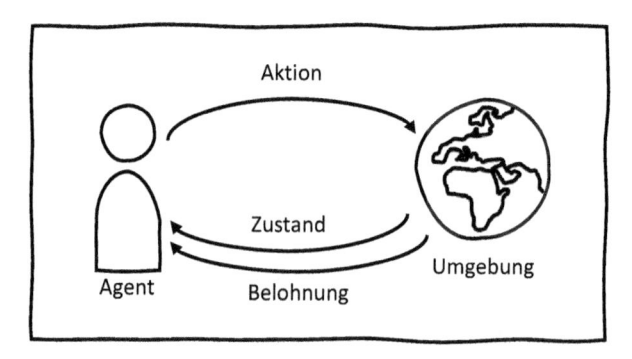

Abb. 25 Schematische Darstellung des Reinforcement-Learning-Modells

Im einfachsten Fall besteht das Modell aus einem *Agenten*, der in seiner *Umgebung* agiert und diese verändert. Die Veränderungen der Umgebung können für den Agenten gut oder schlecht sein und werden in beiden Fällen als *Belohnung* bezeichnet. Ziel des Agenten ist es, seine Belohnung über viele Schritte hinweg zu maximieren. Schematisch lässt sich das Modell darstellen wie in Abb. 25.

Bei meiner Suche nach der besten Pizza der Stadt wäre ich der Agent und die Pizzerien der Stadt meine Umgebung. Als Aktion stünde mir die Auswahl einer bestimmten (oder keiner) Pizzeria zur Verfügung. Die Auswirkung meiner Aktion, also der neue Zustand der Umgebung, wäre, dass ich satt wäre und die Pizzeria Geld verdient hätte. Je nach Qualität der Pizza wäre ich zufrieden oder unzufrieden, was in dem Modell einer positiven bzw. negativen Belohnung entspräche. In diesem Szenario ist mein Ziel die „Maximierung meiner Zufriedenheit" durch die Wahl der besten Pizza.

Das Ziel des Agenten beim Reinforcement Learning ist die langfristige Maximierung der Belohnungen. So würde ein Empfehlungsdienst eines Video-Streaming-Dienstes, der auf Reinforcement Learning basiert, eher eine Serie mit vielen Folgen vorschlagen als einen einzelnen Film. Auch wenn die kurzfristige Belohnung (etwa 20 min Aufmerksamkeit des Zuschauers) kleiner ist als die Belohnung durch einen Film (etwa 90 bis 150 min Aufmerksamkeit), ist die langfristige Belohnung vermutlich größer – zumindest, wenn der Zuschauer die komplette Serie guckt. Diese Eigenschaft der langfristigen Maximierung unterscheidet das Reinforcement Learning von anderen Modellen, macht es dafür aber entsprechend komplexer.

Das Reinforcement-Learning-Modell ist sehr allgemein gehalten und begegnet uns in den unterschiedlichsten Situationen des täglichen Lebens, beispielsweise bei der Wahl eines Restaurants, einer Mahlzeit oder eines Urlaubsziels. In der Technologie werden Reinforcement-Learning-basierte Systeme nicht nur für Empfehlungsdienste genutzt, sondern auch zur Steuerung von Robotern oder (zumindest in der Forschung) zum Spielen von Computerspielen eingesetzt. Auch wenn die Anwendung der komplexen Algorithmen im Alltag nicht praktisch ist, lassen sich die Ideen hinter den Algorithmen in den Alltag übertragen und können uns bei der Entscheidungsfindung unterstützen.

Um die Belohnung zu maximieren, soll der Agent basierend auf dem Feedback der Umgebung eine möglichst optimale Strategie erlernen (daher der Name Reinforcement *Learning*), die bestimmt, welche Aktion er in unterschiedlichen Situationen wählt. Einen wichtigen Ansatz, der auch in komplexen Situationen zu guten Ergebnissen führt, lernen wir im nächsten Kapitel kennen. An dieser Stelle wollen wir uns zunächst auf die Wahl einer geeigneten Pizzeria (oder jegliche andere Wahl aus mehreren Alternativen) begrenzen. Eine entscheidende Eigenschaft bei dieser Art von Problemen ist, dass meine Wahl heute keine bzw. nur vernachlässigbare Auswirkungen auf zukünftige Zustände der Umgebung hat. Konkret hängt die Qualität der Pizza in verschiedenen Pizzerien nicht davon ab, bei welcher Pizzeria ich bestelle.

Angenommen in meiner Stadt gibt es 100 Pizzerien. Die einfachste Strategie wäre es, eine zufällige Pizzeria auszuwählen und zukünftig immer bei dieser Pizzeria zu bestellen. Mit etwas Glück erwische ich dabei eine halbwegs gute Pizzeria und esse in Zukunft mittelmäßige Pizza. Alternativ könnte ich alle 100 Pizzerien testen und die beste auswählen. Leider ist der Aufwand dafür hoch und ich würde auf dem Weg zur besten Pizza möglicherweise viele schlechte Pizzen testen. Im schlimmsten Fall würde die Qualität der Pizzeria mit der „besten" Pizza über die Zeit abnehmen oder die Pizzeria würde schließen, sodass ich das Experiment wieder von vorne beginnen müsste.

Eine gute Strategie zur Wahl der besten Pizzeria würde auf der einen Seite Raum lassen, um neue Pizzerien zu testen, auf der anderen Seite aber auch auf Pizzerien zurückgreifen, die sich in der Vergangenheit bewährt haben. Diese Balance zwischen Entdecken (engl. *exploration*) und zurückgreifen auf Bekanntes (engl. *exploitation*) wird häufig als *exploration-exploitation trade-off* bezeichnet. Bis zu welchem Punkt sollte ich also neue Pizzerien testen und ab wann mit einer guten Pizzeria zufrieden sein?

Es gibt einige einfache Algorithmen, die im Grunde formal beschreiben, wie wir ohnehin im Alltag Entscheidungen treffen. Die vielleicht wichtigsten sind die Algorithmen *Epsilon-First*, *Epsilon-Greedy* und *Epsilon-Decreasing*. Diese Strategien werden alle von einem einzigen Parameter beschrieben, der nach dem griechischen Buchstaben Epsilon benannt ist. Dieser Parameter Epsilon bezeichnet den Anteil bzw. die Wahrscheinlichkeit, mit der ich neue Optionen teste.

Angenommen ich plane für ein Jahr wöchentlich, eine Pizza zu bestellen, d. h. etwa 50-mal. Beim *Epsilon-First*-Algorithmus folgt einer Phase der Exploration eine Phase der Exploitation. Falls ich zunächst 10 Pizzerien teste und den Rest des Jahres immer bei derselben Pizzeria bestelle, entspräche dies dem *Epsilon-First*-Algorithmus mit

Epsilon = 20 %, da die Explorationsphase die ersten 20 % der Bestellungen umfasst. Mit dieser Strategie erhalten wir eine gute Lösung, wenn aber eine neue, ausgezeichnete Pizzeria eröffnet, haben wir keine Chance, diese zu testen.

Die *Epsilon-Greedy*-Strategie ist etwas flexibler und bietet auch im weiteren Verlauf die Möglichkeit der Exploration. Hier wird mit einer Wahrscheinlichkeit von 1 – *Epsilon* die momentan beste Option gewählt und mit der Restwahrscheinlichkeit *Epsilon* eine neue Alternative getestet. Wenn wir *Epsilon* als 20 % wählen, bestellen wir mit einer Wahrscheinlichkeit von 80 % bei der besten (uns bekannten) Pizzeria und in 20 % der Fälle bei einer zufälligen neuen.

Bei der *Epsilon-Greedy*-Strategie bleibt die Wahrscheinlichkeit *Epsilon* über die Zeit konstant, sodass wir am Anfang relativ wenig austesten und nur aus einer kleinen Stichprobe eine gute Option wählen können. Im weiteren Verlauf lernen wir immer mehr Alternativen kennen und testen trotzdem mit derselben hohen Wahrscheinlichkeit Neues. In der Realität ist es oft wünschenswerter, zunächst mit einer Phase der verstärkten Exploration zu beginnen (wie beim *Epsilon-First* Algorithmus) und über die Zeit mit einer immer kleiner werdenden Wahrscheinlichkeit neue Optionen zu testen. Genau diese Verknüpfung ist die Idee des *Epsilon-Decreasing*-Algorithmus. Hier beginnen wir zunächst mit einer hohen Wahrscheinlichkeit der Exploration, die über die Zeit abnimmt.

Bei der Suche nach der besten Pizza könnten wir im ersten Monat jede Woche eine neue Pizzeria ausprobieren – also mit einer Wahrscheinlichkeit von 100 % – und diese Wahrscheinlichkeit jeden Monat um 10 % reduzieren, bis wir nach neun Monaten bei einer Restwahrscheinlichkeit von 10 % angekommen sind, mit der wir zukünftig neue Pizzerien testen. Dies führt langfristig vermutlich zum besten Trade-off zwischen dem Entdecken neuer und dem Zurückgreifen auf bekannte Pizzerien.

Auch wenn die formalen Algorithmen kompliziert wirken, ist ihre Kernaussage, auch langfristig Neues auszutesten, sicher ein guter Tipp, um kontinuierlich immer bessere Entscheidungen zu treffen.

Das Wichtigste in Kürze
- In komplexen Situationen, in denen ein Agent in seiner Umgebung handelt, helfen Methoden des *Reinforcement Learning* möglichst optimale Entscheidungen zu treffen.
- Wenn wiederholt Entscheidungen getroffen werden, sollte die Balance zwischen Entdecken (*exploration*) und Verwerten (*exploitation*) stimmen, um auch langfristig die beste Option wählen zu können.
- Beispiele für Anwendungen des Reinforcement Learning sind die Suche der besten Pizzeria, Empfehlungsdienste und die Steuerung von Robotern

Trainingspläne und Filmvorschläge – Q-Learning

Wie wir bereits im Zusammenhang mit Wahrscheinlichkeiten gesehen haben, ist es einfacher, gute Entscheidungen zu treffen, wenn Ereignisse unabhängig voneinander sind. Die Entscheidung für eine Pizzeria hat nur einen vernachlässigbaren Effekt auf den Zustand der Pizzerien in einer Stadt – eine Pizzeria, die diese Woche gut ist, ist höchstwahrscheinlich auch nächste Woche noch gut.

Häufig sind Ereignisse jedoch nicht unabhängig voneinander und eine Entscheidung zu einem Zeitpunkt hat einen Einfluss auf zukünftige Ereignisse. Selbst in einfachen Situationen, wie beim Brettspielklassiker *Mensch ärgere Dich nicht* hängt die beste Aktion von dem aktuellen Spielstand ab. Wenn die Bahn frei ist, ist es sinnvoll, die vorderste Figur Richtung Ziel zu ziehen, wenn jedoch die Spielfigur eines Gegners im Weg ist, kann es sicherer sein, eine der hinteren Figuren weiterzuziehen. Wenn ein Spieler kurz vor dem Sieg steht, kann es strategisch besser sein, sich mit den anderen Spielern kurzzeitig zu verbünden, als sich untereinander anzugreifen.

Auch im Sport hängen zukünftige Ereignisse und Entscheidungen von früheren Entscheidungen ab. Bei der Trainingsplanung sollte berücksichtigt werden, worauf der Fokus vorheriger Trainingspläne lag. Im Krafttraining ist es beispielsweise üblich, dass sich Phasen des Maximalkraft-, Schnellkraft- und Kraftausdauertrainings abwechseln. Wenn der Fokus permanent auf der Maximalkraft läge, wäre die Belastung entsprechend hoch und das Verletzungsrisiko könnte durch Ermüdung und mangelnde Regeneration steigen. Um dem entgegenzuwirken, wäre beim Zustand „erschöpft durch Maximalkrafttraining" die Entscheidung für einen Fokus auf Kraftausdauer oder Koordination in der nächsten Phase sicher sinnvoller als weiteres Maximalkrafttraining.

Und auch bei Empfehlungsdiensten beeinflussen vergangene Entscheidungen das zukünftige Verhalten der Nutzer und damit die zukünftigen Empfehlungen der Anbieter. Wenn ein Empfehlungsdienst Nutzer durch gezielte Vorschläge dazu bringt, den ersten Teil einer Filmreihe zu sehen, steigt die Wahrscheinlichkeit, dass sie die nächsten Teile ebenfalls anschauen werden, wenn sie ihnen vorgeschlagen werden.

Doch wie können wir in all diesen Situationen die langfristig beste Aktion auswählen? Dafür spielen beim Reinforcement Learning der aktuelle Zustand und die möglichen Optionen eine entscheidende Rolle. Wenn wir für jeden Zustand die beste Aktion kennen würden, wäre es nicht schwierig, eine optimale Strategie zu definieren. Aber welche Aktion ist jewails die beste?

Eine Möglichkeit, die beste Aktion herauszufinden, bietet das sogenannte *Q-Learning*, bei dem eine Funktion Q für jedes Paar aus Zustand s (für engl. *state*) und Aktion a

die Qualität misst. Formal erhalten wir also eine Funktion $Q(s, a)$ und können für einen gegebenen Zustand die Aktion auswählen, die die Qualität maximiert.

Die Qualitätsfunktion kann auf unterschiedliche Weise definiert werden. Dabei ist jedoch wichtig, dass nicht nur die Belohnung der aktuellen Aktion, sondern auch zukünftige Belohnungen berücksichtigt werden, um eine langfristige Planung zu ermöglichen. Andererseits sind sichere Belohnungen heute gegenüber unsicheren Belohnungen in der Zukunft vorzuziehen. Damit zukünftige Belohnungen nicht zu stark gewichtet werden, wird deshalb häufig ein *Diskontierungsfaktor* γ eingeführt, der den Einfluss zukünftiger Belohnungen kontrolliert. Wenn r (für engl. *reward*) die Belohnung einer Aktion bezeichnet, dann können wir die Qualität eines Zustand-Aktion-Paares (s, a) definieren als

$$Q(s,a) = E[r] + \gamma\, E\left[\max_{a'} Q(s',a')\right],$$

also die erwartete Belohnung $E[r]$ plus die erwartete Qualität des zukünftigen Zustands, genauer gesagt die *diskontierte* erwartete Qualität des Paares aus zukünftigem Zustand s' und der dazugehörigen besten Aktion a' [41]. Leider stehen auf der rechten Seite der Gleichung zwei unbekannte Erwartungswerte. Darüber hinaus steht auf der rechten Seite die Qualitätsfunktion selbst im Erwartungswert, was eine Schätzung erschwert. Im Allgemeinen müssen wir auf komplexere Algorithmen zurückgreifen, um $Q(s, a)$ zu schätzen, aber in manchen Situationen können wir die Funktion zumindest *approximieren* (also annähern).

Die Schwierigkeit bei der Schätzung der Qualität Q liegt darin, dass die rechte Seite von der Qualität des zukünftigen Zustands abhängt, die wiederum von zukünftigen Zuständen abhängt usw. In Situationen, in denen es einen Endzustand gibt, ist die Approximation etwas einfacher.

Kehren wir zurück zum Beispiel der letzten Kapitel und nehmen an, dass wir eine Video-Streaming-Plattform betreiben, die die beiden Filme *Star Wars* und *Der Herr der Ringe*, sowie die Serie *The Big Bang Theory* anbietet. Welche Inhalte sollten wir Nutzern vorschlagen? Zum einen hängt die Antwort von den Vorlieben der Nutzer ab, zum anderen aber auch davon, welche Filme und Serien sie schon gesehen haben. Bei zwei Filmen und einer Serie gibt es insgesamt 8 Möglichkeiten, was die Nutzer schon gesehen haben – von gar nichts bis zu allen Inhalten. Der Einfachheit halber können wir annehmen, dass Nutzer nichts mehr gucken, wenn sie bereits alle Inhalte kennen. In diesem Fall erreichen sie also einen Endzustand.

Angenommen wir haben in der Vergangenheit die durchschnittliche Verweildauer je Zustand (*Was haben die Nutzer bereits gesehen?*) und je Aktion (*Welchen Inhalt schlagen wir vor?*) aus Tab. 18 beobachtet. Wie kommen wir zu einem Schätzer von Q und damit zu einer optimalen Strategie?

Tab. 18 Durchschnittliche Dauer, die Nutzer auf der Plattform verbringen, wenn ihnen eine Serie bzw. ein Film vorgeschlagen wird (je Spalte) basierend darauf, was sie schon gesehen haben (je Zeile). Formal handelt es sich um die erwartete Belohnung $E[r]$ je Paar aus Zustand (Zeile) und Aktion (Spalte)

Gesehen	Vorschlag		
	Star Wars	The Big Bang Theory	Der Herr der Ringe
Nichts	60	300	90
Star Wars	0	455	60
The Big Bang Theory	95	0	40
Der Herr der Ringe	50	248	0
Star Wars + TBBT	0	0	60
Star Wars + DHDR	0	400	0
TBBT + DHDR	80	0	0
Alles	0	0	0

Tab. 19 Geschätzte Qualität je Zustand (Zeile) und Aktion (Spalte) basierend auf den durchschnittlichen Nutzungsdauern aus Tab. 18 und γ = 0,75

	Vorschlag		
Gesehen	Star Wars	The Big Bang Theory	Der Herr der Ringe
–	435	405	321
Star Wars	0	500	360
The Big Bang Theory	140	0	100
Der Herr der Ringe	95	308	0
Star Wars + TBBT	0	0	60
Star Wars + DHDR	0	400	0
TBBT + DHDR	80	0	0
Alles	0	0	0

Der Zustand „Alles" ist ein Endzustand, da die Nutzer bereits beide Filme und die Serie gesehen haben. Von diesem Endzustand aus können wir uns vorarbeiten zu dem Zustand, bei dem die Nutzer noch keinen der Inhalte kennen, und sukzessive mit Hilfe der oberen Formel die Qualität $Q(s, a)$ updaten. Wenn wir γ = 0,75 wählen, ergibt sich daraus Tab. 19.

Für den Zustand „TBBT + DHDR" und den Vorschlag „Star Wars" können wir beispielsweise die erwartete Belohnung $E[r]$ = 80 aus Tab. 18 ablesen. Die Qualität des folgenden Zustands „Alles" ist für alle Aktionen $Q(\text{„Alles"}, a)$ = 0. Damit ergibt sich $Q(\text{„TBBT + DHDR"}, \text{„Star Wars"})$ = $E[r]$ + 0,75 $Q(\text{„Alles"}, a)$ = 80 + 0,75 · 0 = 80. Da sich mit den Vorschlägen „TBBT" und „DHDR" an dem Zustand „TBBT + DHDR" nichts ändern würde, bleibt die Qualität dort konstant 0. Ähnlich ergeben sich die Qualitäten für „Star Wars + TBBT" und „Star Wars + DHDR".

Mit den geschätzten Qualitäten für die Zustände, bei denen bereits 2 bzw. alle 3 Inhalte gesehen wurden, können wir die restlichen Qualitäten schätzen. An dem Zustand

„Star Wars" ändert sich beim Vorschlag „Star Wars" nichts und die Qualität bleibt 0. Für den Vorschlag „TBBT" folgt

$$Q(\text{„Star Wars"}, \text{„TBBT"}) = E[r] + 0{,}75 \max Q(\text{„Star Wars + TBBT"}, a)$$
$$= 455 + 0{,}75 \cdot 60 = 500,$$

da
max Q(„Star Wars + TBBT", a) = Q(„Star Wars + TBBT", „DHDR") = 60. Die Qualitäten für die restlichen Zustände ergeben sich genauso und resultieren in Tab. 19.

Reinforcement Learning und insbesondere Q-Learning haben es in den letzten Jahren immer wieder in die Schlagzeilen geschafft. Neben komplexen Brettspielen wie Schach und Go sind auch die Computerspielklassiker von Atari nicht sicher vor Q-Learning – für all diese Spiele wurden Algorithmen entwickelt, die erfolgreicher sind als menschliche Spieler. Googles Reinforcement-Learning-basierter Algorithmus *MuZero* erreicht nicht nur übermenschliche Ergebnisse in verschiedenen Spielklassikern, sondern wird auch benutzt, um Videos effizient zu komprimieren [42]. Doch auch wenn schon einige beeindruckende Anwendungen auf Reinforcement Learning basieren, ist der Bereich ein aktuelles Forschungsfeld und neue Erkenntnisse führen zu immer mehr Einsatzmöglichkeiten.

Das Wichtigste in Kürze
- Die beste Aktion hängt oft vom aktuellen Zustand ab.
- Eine optimale Entscheidungsstrategie berücksichtigt auch zukünftige Belohnungen.
- Beispiele für Anwendung von *Künstlicher Intelligenz*, die auf Reinforcement Learning basieren, sind vor allem Programme, die erfolgreich (Computer-)Spiele spielen oder Roboter steuern.

Vorlesungen und Rundreisen – Evolutionäre Algorithmen

Als Professor an einer Hochschule ist eine meiner Kernaufgaben die Lehre, sodass ich regelmäßig Vorlesungen halte. Eine typische Veranstaltung besteht aus etwa 20 Terminen je 90 min, also insgesamt 30 h pro Semester. Die Vorbereitung beinhaltet die Planung der Themen und Schwerpunkte und die Erstellung eines möglichst verständlichen Skripts mit relevanten Beispielen und Übungsaufgaben. Insgesamt ist die Vorbereitung einer (neuen) Vorlesung damit aufwendiger als die Vorlesung selbst. Deshalb ist ein entscheidender Vorteil, wenn es die Veranstaltung in der Vergangenheit gab und die ersten Unterlagen erstellt wurden. Aufbauend auf den bereits erstellten Unterlagen und Erfahrungen von mir und anderen Dozenten, kann ich effizient bessere Unterlagen erstellen, als wenn ich bei null beginnen müsste. Auf diese Weise entstehen über die Semester hinweg (hoffentlich) immer bessere Skripte und Übungsaufgaben, die einen besseren Zugang zu den Vorlesungsinhalten ermöglichen und diese so leichter verständlich machen.

Ähnlich verhält es sich mit Bewerbungen und wichtigen Texten im Allgemeinen. Oft ist es hilfreich, zunächst mehrere Texte über ein Thema zu formulieren, und Textbausteine aus diesen Texten so zu kombinieren, dass das Ergebnis besser ist als die Ausgangstexte.

Vorgänge, bei denen unterschiedliche Lösungen (wie Vorlesungsunterlagen oder Texte in den Beispielen oben) neu zusammengesetzt werden, werden aufgrund ihrer Ähnlichkeit zur natürlichen Evolution als *evolutionäre Algorithmen* bezeichnet. Diese Algorithmen sind dann hilfreich, wenn andere Optimierungsalgorithmen, wie das Q-Learning, zu aufwendig sind, die Qualität einer gegebenen Lösung jedoch schnell überprüft werden kann.

Wenn wir beispielsweise eine neue Eissorte kreieren wollten, wäre es schwierig, basierend auf den Zutaten vorherzusagen, ob uns die neue Sorte gut schmeckt oder nicht. Dagegen ist es deutlich einfacher, das Eis herzustellen und zu probieren. Anschließend können wir die besten Eissorten kombinieren und so neue Sorten herstellen, von denen manche sogar besser sind als die ursprünglichen Sorten.

Ein besonders schwieriges Problem, bei dem evolutionäre Algorithmen zu guten Lösungen führen, ist das *Problem des Handlungsreisenden*. Angenommen wir wollen eine Rundreise durch Spanien machen und die Städte Barcelona (B), Granada (G), La Coruña (L), Madrid (M), Sevilla (S) und Valencia (V) besuchen. Eine schematische Karte Spaniens mit den Städten befindet sich in Abb. 26. Bei 6 Städten gibt es 6 Möglichkeiten für die erste Station, 5 für die zweite, 4 für die dritte usw. Für die Rundreise gibt es insgesamt $6 \cdot 5 \cdot 4 \cdot 3 \cdot 2 \cdot 1 = 720$ unterschiedliche Möglichkeiten. Tab. 20 zeigt die ungefähren Entfernungen

Abb. 26 Schematische Karte von Spanien mit den 6 spanischen Städten Barcelona (B), Granada (G), La Coruña (L), Madrid (M), Sevilla (S) und Valencia (V)

Tab. 20 Distanzen zwischen den 6 spanischen Städten Barcelona, Granada, La Coruña, Madrid, Sevilla und Valencia in Kilometern. Die Distanzen sind symmetrisch, d. h., die Entfernung von Barcelona nach Granada entspricht der Entfernung von Granada nach Barcelona

Start \ Ziel	Barcelona	Granada	La Coruña	Madrid	Sevilla	Valencia
Barcelona		680	900	500	830	300
Granada	680		790	360	210	380
La Coruña	900	790		510	680	800
Madrid	500	360	510		390	300
Sevilla	830	210	680	390		540
Valencia	300	380	800	300	540	

zwischen den Städten. Mit welcher Reihenfolge können wir die Gesamtstrecke minimieren, um möglichst viel Zeit in den Städten und möglichst wenig Zeit unterwegs zu verbringen?

Evolutionäre Algorithmen basieren grundsätzlich auf der Rekombination und Mutation von Lösungen für ein Problem, um daraus sukzessive immer bessere Lösungen zu finden (vgl. Algorithmus 18). Im Kontext von evolutionären Algorithmen werden Lösungen als *Individuen* bezeichnet, deren Qualität mit einer *Fitnessfunktion* berechnet wird. Im Sinne der natürlichen Selektion setzen sich die besten Lösungen durch, wohingegen schlechtere ausscheiden.

Zunächst werden n zufällige Lösungen erzeugt und deren Qualität bewertet. Im Beispiel der Rundreise durch Spanien könnten wir zunächst die 4 möglichen Routen

(a) [B, M, G, S, V, L],
(b) [G, M, B, L, V, S],
(c) [S, M, L, V, G, B] und
(d) [V, G, L, S, B, M]

erhalten, deren Qualität jeweils anhand der Gesamtstrecke bewertet wird. Für (a) ergibt sich mit den Teilstrecken Barcelona – Madrid (500 km), Madrid – Granada (360 km), Granada – Sevilla (210 km), Sevilla – Valencia (540 km), Valencia – La Coruña (800 km), La Coruña – Barcelona (900 km) eine Gesamtstrecke von 3310 km. Für (b), (c) und (d) ergeben sich entsprechend die Gesamtstrecken 3310 km, 3590 km und 3480 km.

Wenn wir je Generation die besten 2 Routen zur *Rekombination* nutzen, entspricht dies den Lösungen (a) und (b). Um 2 Lösungen zu kombinieren, können wir zunächst aus allen Stationen einen *Kreuzungspunkt c* zufällig auswählen, anschließend die ersten c Stationen der ersten Lösung wählen und die restlichen Stationen in derselben Reihenfolge anhängen, wie sie in der zweiten Lösung vorkommen. Mit dem Kreuzungspunkt $c = 3$ ergibt sich aus (a) zunächst [B, M, G]. Da die Städte S, V und L noch fehlen, werden sie in der Reihenfolge aus (b) angehängt, sodass wir die Route

(e) [B, M, G, L, V, S]

erhalten. Umgekehrt ergibt sich aus (b) zunächst [G, M, B] und mit der Reihenfolge aus (a) die Route

(f) [G, M, B, S, V, L].

Nachdem wir die besten Lösungen rekombiniert haben, erfolgt eine zufällige Mutation der neuen Individuen. Zunächst entscheiden wir per Zufall, ob eine neue Lösung mutiert oder nicht und tauschen anschließend zwei zufällige Städte. So erhalten wir im oberen Beispiel für (e) die Mutation

(g) [S, M, G, L, V, B],

indem wir die Positionen der Städte Sevilla (S) und Barcelona (B) tauschen. Anschließend bestimmen wir die Qualität der Routen (f) und (g), indem wir ihre Gesamtstrecken 3820 km und 3470 km berechnen. Aus der ersten Generation (a), (b), (c) und (d) und den neuen Individuen

(f) und (g) wählen wir nun die besten 4 aus und erhalten so die zweite Generation bestehend aus (a), (b), (d) und (g).

Diese Schritte wiederholen wir 2-mal und erhalten zunächst mit dem Kreuzungspunkt $c = 4$ aus (a) und (b) die Routen

(h) [B, M, G, S, L, V] und
(i) [L, M, B, G, S, V]

mit Gesamtstrecken 2850 km und 3240 km, wobei (i) durch Kombination von (b) und (a) und tauschen der Städte Granada (G) und La Coruña (L) entstanden ist. Die dritte Generation besteht damit aus den Individuen (a), (b), (h) und (i).

Die besten Individuen sind nun (h) und (i), die mit dem Kreuzungspunkt $c = 2$ und ganz ohne Mutationen zu den Routen

(j) [B, M, G, L, S, V] und
(k) [G, M, B, S, L, V]

mit Gesamtstrecken 3170 km und 3550 km kombiniert werden. Die besten 3 Lösungen sind an dieser Stelle (h), (i) und (j) mit den Strecken 2850 km, 3240 km und 3170 km, gefolgt von den Individuen (a) und (b) mit jeweils 3310 km Gesamtstrecke. Da wir nur 4 Routen je Generation wählen können, müssen wir uns neben (h), (i) und (j) zufällig für eine der Lösungen (a) und (b) entscheiden und erhalten so die vierte Generation bestehend aus (h), (i), (j) und (b).

An dieser Stelle würden wir als beste Route für unsere Rundreise die Strecke Barcelona – Madrid – Granada – Sevilla – La Coruña – Valencia – Barcelona mit einer Länge von 2850 km erhalten. Anstelle von insgesamt 720 möglichen Routen, mussten wir so nur die Länge von 10 Routen berechnen und haben eine relativ gute Lösung gefunden.

Wenn wir den Algorithmus noch für ein paar Generationen weiterlaufen lassen würden, erhielten wir möglicherweise nach einiger Zeit die optimale Lösung Barcelona – Madrid – La Coruña – Sevilla – Granada – Valencia mit einer Strecke von 2580 km, also nur etwas weniger als die approximative Lösung mit 2850 km.

Für das Problem der Rundreise gibt es nicht nur eine optimale Lösung. Tatsächlich könnten wir auch in jeder anderen Stadt starten und kämen auf dieselbe Distanz, solange wir die Städte in derselben oder genau der entgegengesetzten Reihenfolge besuchen. Neben [B, M, L, S, G, V] wären also auch [M, L, S, G, V, B] oder [V, G, S, L, M, B] optimale Routen.

Evolutionäre Algorithmen sind durch die Natur inspiriert und besonders effizient. Sie führen häufig bereits nach wenigen Schritten zu guten Lösungen und können bei einer Vielzahl von Problemen eingesetzt werden, bei denen unterschiedliche Lösungen sinnvoll kombiniert werden können – ob beim Einrichten eines Zimmers, der Erstellung eines Dienstplans oder dem Packen eines Kofferraums.

Algorithmus 18 Pseudocode eines evolutionären Algorithmus (vgl. [43])

```
Evolutionärer Algorithmus
Eingabe: Anzahl der Individuen pro Generation n
         Anzahl der Generationen k
         Anzahl der Individuen zur Rekombination m
         Fitnessfunktion f
Ausgabe: Annähernd beste Lösung
1. Initialisierung: Erzeuge n zufällige Lösungen
   („Individuen")
2. Evaluation: Bewerte die Fitness der Individuen mit f
3. Wiederhole für k-1 Schritte:
4. Selektion: Wähle die besten m Individuen aus
5. Rekombination: Kombiniere die ausgewählten zu
   neuen Individuen
```

```
6. Mutation: Verändere die neuen Individuen
   zufällig
7. Evaluation: Bewerte die Fitness der neuen
   Individuen mit f
8. Selektion: Wähle aus alten und neuen die n besten
   Individuen
9. Gib die beste Lösung zurück
```

Selbst wenn die formale Anwendung eines evolutionären Algorithmus nicht immer praktisch ist, lässt sich die grundsätzliche Idee, Lösungen zu kombinieren und einzelne Aspekte zufällig zu ändern, in den Alltag übertragen und kann so zu neuen, kreativen Ansätzen führen.

Das Wichtigste in Kürze
- Evolutionäre Algorithmen basieren auf der natürlichen Evolution.
- Komplexe Probleme können durch evolutionäre Algorithmen häufig gut gelöst werden.
- Beispiele für Anwendungen evolutionärer Algorithmen sind die Optimierung von Vorlesungsunterlagen und die Suche nach einer kürzesten Reiseroute.

Epilog: Ein Tag ohne Mathematik

Wir haben einige Beispiele dafür gesehen, dass sich Mathematik im Alltag versteckt – in Algorithmen, Optimierungsproblemen oder der Modellierung von Zufall und Unsicherheit. Wir nutzen mathematische Ideen täglich, um bessere Entscheidungen zu treffen. Doch wie sähe ein Tag ganz ohne Mathematik aus?

Ohne eine Möglichkeit, effizient eine geeignete Route zu finden, wäre bereits der Weg zur Arbeit unnötig lang. Ich würde möglicherweise bereits morgens tanken statt auf dem Rückweg, obwohl die Benzinpreise abends tendenziell günstiger sind. Auch die Parkplatzsuche wäre schwieriger. Entweder ich würde zu früh einen Parkplatz suchen und hätte einen weiteren Fußweg oder zu spät, sodass ich wieder ein Stück zurückfahren müsste, weil die Parkplätze in der Nähe des Gebäudes bereits belegt sind.

Angekommen bei der Arbeit würde ich einen ungenießbaren Kaffee kochen, weil ich entweder zu viel oder zu wenig Pulver benutzen würde statt der optimalen Menge.

Ohne effiziente Sortier- und Suchalgorithmen würde ich am Computer viel länger nach Dateien, Ordnern und E-Mails suchen.

In der Mittagspause hätte ich kaum eine Chance, einen Podcast zu finden, der mich interessiert, denn ohne Recommender Systems müsste ich durch eine lange Liste von Podcasts scrollen, von denen mich die meisten nicht ansprechen. Die Unterlagen für meine Vorlesung nachmittags müsste ich von Beginn an neu entwickeln und könnte nicht auf ältere Unterlagen zurückgreifen, die „evolutionär" immer weiter verbessert wurden.

Wenn ich nach der Arbeit Getränke für eine Feier kaufen würde, hätte ich ohne einen Schätzer keinen Anhaltspunkt für eine geeignete Menge und damit entweder zu wenig oder viel zu viele Getränke.

Ohne Mathematik hätte ich weniger Zeit und Geld für die schönen Dinge im Leben und würde mehr schlechten Kaffee trinken. Ein Alltag ohne Mathematik ist also kaum vorstellbar und schon gar nicht wünschenswert.

Zusammengefasst: Die Mathematik bereichert unser Leben.

Glossar

Algorithmus Ein Algorithmus ist eine endliche Folge von Schritten zum Lösen eines Problems.

Approximation Eine Approximation ist ein Näherungsverfahren, mit dem Optimierungsprobleme (zumindest näherungsweise) gelöst werden können. Das Gegenteil von approximativen Verfahren sind analytische Verfahren, bei denen Lösungen exakt berechnet werden – was allerdings nicht immer möglich ist.

Ausreißer Ein Ausreißer ist eine Beobachtung, die sich stark von den restlichen Beobachtungen einer Stichprobe unterscheidet, beispielsweise besonders große Verspätungen von Zügen oder Extremwetterereignisse. Statistische Modelle und Schätzer, auf die einzelne Ausreißer nur einen geringen Einfluss haben, werden als robust bezeichnet.

Bedingte Wahrscheinlichkeit Die Wahrscheinlichkeit von einem Ereignis E_1 bedingt auf ein Ereignis E_2 ist definiert als die Wahrscheinlichkeit, dass E_1 eintritt unter der Voraussetzung, dass E_2 ebenfalls eintritt. Formal: $P(E_1|E_2) = \dfrac{P(E_1 \text{ und } E_2)}{P(E_2)}$.

Clustering Ziel des Clusterings ist es, eine Menge von Beobachtungen zu unterschiedlichen Clustern zusammenzufassen. Im Gegensatz zur Klassifikation ergeben sich die Gruppen durch das Clustering und sind nicht im Vorfeld definiert. Ein wichtiges Beispiel für einen Clustering-Algorithmus ist der k-Means-Algorithmus.

Dimension Die Dimension einer Beobachtung entspricht der Anzahl der Merkmale, die sie beschreiben. Bücher mit Angaben zu Autor, Jahr und Titel können als dreidimensionale Beobachtung interpretiert werden.

Dimensionsreduktion Häufig fällt es leichter, Entscheidungen basierend auf Daten mit niedriger Dimension zu treffen. Mit Methoden der Dimensionsreduktion kann die Dimension einer Stichprobe reduziert werden. Eine solche Methode ist die Hauptkomponentenanalyse. Durch eine niedrige Dimension werden Schwierigkeiten vermindert, die unter dem Begriff „Fluch der Dimensionalität" zusammengefasst werden.

Epsilon-Decreasing Der Epsilon-Decreasing-Algorithmus bietet eine Lösung des *exploration-exploitation trade-off* ähnlich zum Epsilon-Greedy-Algorithmus, jedoch mit dem Unterschied, dass die Wahrscheinlichkeit über die Zeit immer weiter abnimmt.

Epsilon-First Der Epsilon-First-Algorithmus bietet eine Lösung des *exploration-exploitation trade-off*, indem die ersten ε (Epsilon) Entscheidungen zufällig getroffen werden und anschließend immer auf die beste bekannte Entscheidung zurückgegriffen wird.

Epsilon-Greedy Der Epsilon-Greedy-Algorithmus bietet eine Lösung des *exploration-exploitation trade-off*, indem mit einer Wahrscheinlichkeit von ε (Epsilon) eine zufällige Entscheidung getroffen wird und mit einer Wahrscheinlichkeit von $(1 - \varepsilon)$ auf die beste bekannte Entscheidung zurückgegriffen wird.

Erwartungswert Der Erwartungswert ist ein Maß für die durchschnittliche Größe einer Zufallsvariablen. Er gibt den durchschnittlichen Wert der Zufallsvariablen an, wenn das zugehörige zufällige Experimente (sehr) oft wiederholt wird.

Evolutionäre Algorithmen Evolutionäre Algorithmen sind eine Familie von Optimierungsalgorithmen, die von der natürlichen Evolution inspiriert wurden.

Exploration-Exploitation Trade-Off Der Trade-off zwischen Exploration (Erkunden von Unbekanntem) und Exploitation (Nutzen von Bekanntem) beschreibt das Dilemma eines Agenten im Reinforcement Learning, der auf der einen Seite eine möglichst gute Entscheidung basierend auf alten Daten treffen soll, auf der anderen Seite aber auch neue Daten sammeln soll, um zukünftig noch bessere Entscheidungen treffen zu können.

Extrema Die Extrema (auch Extrempunkte) einer Funktion f sind die Menge aller Punkte, an denen f ein (lokales oder globales) Minimum bzw. Maximum annimmt.

Fehler 1./2. Art Bei statistischen Tests kann es zu zwei Fehlern kommen: Entweder die Nullhypothese gilt, wird aber vom Test verworfen, oder der Test akzeptiert die Nullhypothese, obwohl die Alternative gilt. Der erste Fehler wird als Fehler 1. Art bezeichnet, der zweite Fehler als Fehler 2. Art.

Funktion Eine Funktion ordnet jedem Element in einer Definitionsmenge genau ein Element in einer Zielmenge zu. Zum Beispiel ordnet die Funktion $f(x) = 2x$ jeder Zahl x ihren doppelten Wert zu. Funktionen werden häufig auch als Abbildungen bezeichnet.

Gradientenverfahren Das Gradientenverfahren (engl. Gradient Descent) ist ein Algorithmus zum Lösen von Optimierungsproblemen, d. h. zum Finden lokaler Extrema der zugehörigen Zielfunktion.

Graph Ein Graph besteht aus einer Menge von Knoten, die miteinander durch Kanten verbunden sind. Oft werden den einzelnen Kanten Kosten zugewiesen, beispielsweise bei der Berechnung von Entfernungen. In diesem Fall werden die Kanten als gewichtete Kanten und der Graph als (kanten-)gewichteter Graph bezeichnet.

Hochpunkt Die Hochpunkte einer Funktion f sind die Menge aller Punkte, an denen f ein (lokales oder globales) Maximum annimmt.

Interquartilsabstand Der Interquartilsabstand IQA ist definiert als Abstand zwischen 75 %- und 25 %-Quartil. In diesem Intervall sind 50 % der Stichprobe enthalten. Der Interquartilsabstand ist damit ein Maß für die Streuung einer Stichprobe.

Klassifizierung Ziel einer Klassifizierung ist es, eine Beobachtung einer Kategorie (oder Klasse) zuzuordnen. Ein Algorithmus, der Beobachtungen klassifiziert, wird als Klassifikator bezeichnet. Gibt es nur zwei Kategorien, handelt es sich um eine binäre Klassifikation. Beispiele für Klassifikatoren sind der k-nächste-Nachbarn-Algorithmus und Entscheidungsbäume.

Konfidenzintervall Ein Konfidenzintervall gibt basierend auf einer Stichprobe einen Bereich an, in dem eine zu schätzende Größe mit hoher Wahrscheinlichkeit liegt.

Korrelation Die Korrelation ist ein Maß für die Abhängigkeit zweier Zufallsvariablen. Sie kann jedoch nur *lineare* Zusammenhänge messen, für die gilt „Wenn X wächst, wächst/fällt Y". Einer der häufigsten statistischen Fehlschlüsse ist aus einer Korrelation eine Kausalität herzuleiten „*Weil X wächst, wächst/fällt Y*". Eine hohe Korrelation ohne Kausalzusammenhang wird als Scheinkorrelation bezeichnet. Darüber hinaus können abhängige Variablen unkorreliert sein.

Kovarianz Die Kovarianz ist ein Maß für die Abhängigkeit zweier Zufallsvariablen. Neben der Abhängigkeit der beiden Zufallsvariablen wird sie allerdings auch von der Größenordnung der Zufallsvariablen beeinflusst und ist schwierig zu interpretieren. Stattdessen wird zur Interpretation oft die Korrelation herangezogen. Wenn die Kovarianz unbekannt ist, kann sie mithilfe der Stichprobenkovarianz geschätzt werden.

Kürzeste Pfade Ein kürzester Pfad beschreibt die kürzeste Verbindung zwischen einem Start- und einem Zielknoten in einem gewichteten Graph. Er kann beispielsweise mit Hilfe des Algorithmus von Dijkstra gefunden werden.

Median Der Median ist die mittlere Beobachtung einer Stichprobe. Er ist so definiert, dass 50 % der Stichprobe jeweils größer und kleiner sind. Hat die Stichprobe eine ungerade Anzahl an Beobachtungen, ist der Median der mittlere Wert. Bei einer geraden Anzahl ist der Median der Durchschnitt der beiden mittleren Werte.

Mittelwert Synonym für Durchschnitt. Der Durchschnitt einer Stichprobe wird häufig als Mittelwert bezeichnet. Wenn die unterschiedlichen Beobachtungen verschiedene Gewichte erhalten, wird dies als gewichteter Mittelwert bezeichnet.

Optimal Stopping Beim Optimal-Stopping-Problem wird aus einer Reihe von Ereignissen, die entweder Gelegenheiten sind oder nicht, die letzte Gelegenheit gesucht. Ein wichtiger Spezialfall ist das sogenannte Sekretärinnenproblem. Die Odds-Strategie maximiert die Wahrscheinlichkeit, die letzte Gelegenheit zu finden.

Optimierungsproblem Bei einem Optimierungsproblem werden die Extrema (entweder Maxima oder Minima) einer Zielfunktion gesucht. Wenn das Optimierungsproblem vom Zufall abhängt, wird es als stochastisch (zufällig) bezeichnet, andernfalls als deterministisch.

p-Wert Der zu einer (Null-)Hypothese gehörige p-Wert gibt an, wie wahrscheinlich es ist, eine gegebene Stichprobe zu beobachten, wenn die Hypothese wahr ist. Wenn der p-Wert klein ist, spricht dies gegen die Hypothese.

Pseudocode Pseudocode ist eine Mischung aus natürlicher Sprache und Programmcode, der durch seine einfache Struktur gut dazu geeignet ist, komplizierte Algorithmen übersichtlich darzustellen.

Q-Learning Das Q-Learning ist ein Ansatz für einen Agenten im Reinforcement Learning, die bestmögliche Aktion basierend auf dem Zustand seiner Umgebung zu wählen.

Quartil Die drei Quartile q_1, q_2, q_3 sind jeweils so definiert, dass 25 %, 50 % bzw. 75 % der Beobachtungen einer Stichprobe kleiner und der Rest größer sind. Das 50 %-Quartil entspricht dem Median.

Recommender System Ein Recommender Sytem (engl. für Empfehlungsdienst) ist ein Algorithmus, der Nutzern (oft datenbasiert) gezielt Inhalte vorschlägt. Es gibt unterschiedliche Ansätze, um die relevantesten Inhalte für Nutzer zu finden. Die zwei wichtigsten Formen sind kollaborative und inhaltsbasierte Empfehlungsdienste.

Reinforcement Learning Unter dem Begriff Reinforcement Learning (engl. für bestärkendes Lernen) wird eine Reihe mathematischer Modelle zusammengefasst, mit denen ein Agent, der in seiner Umgebung agiert, möglichst gute Entscheidungen treffen kann.

Schätzer Ein (Punkt-)Schätzer ist eine Funktion, die einer Stichprobe einen Wert zuordnet, der die gesuchte Größe schätzen soll. Ein Schätzer sollte zwei Eigenschaften haben. Zum einen sollte er konsistent sein, d. h., je größer die Stichprobe wird, desto besser wird die Schätzung. Zum anderen sollte er unverzerrt sein, d. h., er sollte im Durchschnitt den richtigen Wert schätzen, auch wenn er diesen manchmal über- und manchmal unterschätzt.

Scheinkorrelation Korrelation ohne kausalen Zusammenhang. Eine Scheinkorrelation führt häufig zu dem Fehlschluss einer Kausalität, obwohl die zugrundeliegenden Größen in Wahrheit unabhängig voneinander sind.

Signifikanzniveau Das Signifikanzniveau eines statistischen Tests legt die Wahrscheinlichkeit für einen Fehler 1. Art fest.

Sortieralgorithmus Ein Sortieralgorithmus ist ein Algorithmus, der eine beliebige Liste als Eingabe erlaubt und diese sortiert zurückgibt. Beispiele für Sortieralgorithmen sind Bubblesort und Mergesort.

Stabiles Matching Ein stabiles Matching ist eine Zuordnung von Elementen einer Menge zu Elementen einer anderen Menge, die auf den Präferenzen der jeweiligen Elemente beruht und in einem gewissen Sinne optimal ist. Ein stabiles Matching kann mit Hilfe des Gale-Shapley-Algorithmus gefunden werden.

Standardabweichung Die Standardabweichung ist definiert als die Wurzel der Varianz einer Zufallsvariablen und damit ein Maß für ihre durchschnittliche Streuung.

Statistischer Test Ein statistischer Test (auch Hypothesentest) ist eine Entscheidungsregel, bei der eine Hypothese (die Nullhypothese) gegen eine Alternative überprüft wird.

Strukturbruch Als Strukturbruch wird eine dauerhafte Veränderung der Verteilung einer Zeitreihe bzw. eines Prozesses definiert. Beispielsweise hat der Beginn der Corona-Pandemie das Fluggastaufkommen dauerhaft verändert und ist damit ein Strukturbruch.

Suchalgorithmus Ein Suchalgorithmus ist ein Algorithmus, der ein gesuchtes Objekt in einer gegebenen (sortierten) Liste findet. Beispiele für Suchalgorithmen sind die naive und die binäre Suche.

Tiefpunkt Die Tiefpunkte einer Funktion f sind die Menge aller Punkte, an denen f ein (lokales oder globales) Minimum annimmt.

Unabhängigkeit Zwei zufällige Ereignisse E_1 und E_2 sind unabhängig voneinander, wenn gilt: $P(E_1 \text{ und } E_2) = P(E_1) \cdot P(E_2)$.

Varianz Die Varianz ist ein Maß für die durchschnittliche Streuung einer Zufallsvariablen. Sie beschreibt die durchschnittliche quadratische Abweichung der Zufallsvariablen von ihrem Erwartungswert.

Zeitreihe Eine Zeitreihe ist eine zeitlich geordnete Folge von Zufallsvariablen – beispielsweise die tägliche Temperatur über ein Jahr.

Zufallsvariable Eine Zufallsvariable ist eine zufallsabhängige Größe, wie die Niederschlagsmenge oder Temperatur. Falls ihr Erwartungswert 0 ist, wird sie als zentrierte Zufallsvariable bezeichnet.

Literatur

1. C. O'Neil, Angriff der Algorithmen: Wie sie Wahlen manipulieren, Berufschancen zerstören und unsere Gesundheit gefährden., Carl Hanser, 2017.
2. L. Beil, „Algorithmen: Wie und warum sie Menschen diskriminieren," Bayerischer Rundfunk, 17.12.2020. [Online]. https://www.br.de/nachrichten/wissen/algorithmen-wie-und-warum-sie-menschen-diskriminieren,SJL2rLj. [Zugriff am 22.02.2022].
3. „Diskriminierungsrisiken von Algorithmen," Antidiskriminierungsstelle des Bundes, 16.07.2019. [Online]. https://www.antidiskriminierungsstelle.de/DE/was-wir-machen/projekte/algorithmen-und-diskriminierungsrisiken/algorithmen-und-diskriminierungsrisiken-node.html. [Zugriff am 22.02.2022].
4. R. Sedgewick und K. Wayne, Algorithmen – Algorithmen und Datenstrukturen, 4. Aufl., Hrsg., Hallbergmoos: Pearson Deutschland, 2014.
5. A. M. Turing, „Computability and λ-definability," *The Journal of Symbolic Logic,* Bd. 2, Nr. 4, 1937.

6. C. Orwat, Diskriminierungsrisiken durch Verwendung von Algorithmen: eine Studie, erstellt mit einer Zuwendung der Antidiskriminierungsstelle des Bundes, Nomos, 2019.
7. T. H. Cormen, C. E. Leiserson, R. L. Rivest und C. Stein, Introduction to algorithms, MIT press, 2009.
8. D. a. S. L. S. Gale, „College admissions and the stability of marriage," *The American Mathematical Monthly,* Bd. 69, Nr. 1, S. 9–15, 1962.
9. E. W. Dijkstra, „A note on two problems in connexion with graphs," *Numerische mathematik,* Bd. 1, Nr. 1, S. 269–271, 1959.
10. J. Travers und S. Milgram, „An exploratory study of the small world problem," *Sociometry,* Bd. 32, S. 425–443, 1969.
11. „Fussballdaten.de," Fußballdaten GmbH, [Online]. https://www.fussballdaten.de/vereine/vfl-bochum/fc-bayern-muenchen/spiele/. [Zugriff am 26.05.2022].
12. „transfermarkt.de," Transfermarkt GmbH & Co. KG, [Online]. https://www.transfermarkt.de/vfl-bochum/startseite/verein/80. [Zugriff am 26.05.2022].
13. „transfermarkt.de," Transfermarkt GmbH & Co. KG, [Online]. https://www.transfermarkt.de/fc-bayern-muenchen/startseite/verein/27. [Zugriff am 26.05.2022].
14. L. Rabe, „Umsatz von Amazon weltweit in den Jahren 2004 bis 2021," Statista GmbH, 04.04.2022. [Online]. https://de.statista.com/statistik/daten/studie/75292/umfrage/nettoumsatz-von-amazoncom-seit-2004/. [Zugriff am 02.07.2022].
15. E. F. Fama, „Efficient capital markets: A review of theory and empirical work," *The journal of Finance,* Bd. 25, Nr. 2, S. 383–417, 1970.
16. M. Kurz, „Tankerkönig," [Online]. https://creativecommons.tankerkoenig.de/. [Zugriff am 01.12.2020].
17. A. Bücher, H. Dette und F. Heinrichs, „Are deviations in a gradually varying mean relevant? A testing approach based on sup-norm estimators," *The Annals of Statistics,* Bd. 49, Nr. 6, S. 3583–3617, 2021.
18. F. Heinrichs und H. Dette, „A distribution free test for changes in the trend function of locally stationary processes," *Electronic Journal of Statistics,* Bd. 15, Nr. 2, S. 3762–3797, 2021.

19. Wikimedia Foundation Inc., „Wikipedia," Wikimedia Foundation Inc., 14.09.2023. [Online]. https://de.wikipedia.org/wiki/Fu%C3%9Fball-Bundesliga_2003/04. [Zugriff am 15.11.2023].
20. Gesundheitsberichterstattung des Bundes, „https://www.gbe-bund.de," Gesundheitsberichterstattung des Bundes, 01.08.2018. [Online]. Available: https://www.gbe-bund.de/gbe/pkg_isgbe5.prc_menu_olap?p_uid=gast&p_aid=40212928&p_sprache=D&p_help=0&p_indnr=223&p_indsp=&p_ityp=H&p_fid=. [Zugriff am 25.11.2023].
21. S. R. Department, „statista.com," Statista GmbH, 24.11.2023. [Online]. https://de.statista.com/statistik/daten/studie/1251/umfrage/entwicklung-des-bruttoinlandsprodukts-seit-dem-jahr-1991/. [Zugriff am 29.11.2023].
22. „Wikipedia," Wikimedia Foundation Inc., 12.11.2023. [Online]. https://de.wikipedia.org/wiki/VfL_Bochum. [Zugriff am 29.11.2023].
23. Renfe-Operadora, E. P. E., „renfe.com," Renfe-Operadora, E. P. E., [Online]. Available: https://www.renfe.com/es/es/ayuda/compromiso-puntualidad. [Zugriff am 09.12.2023].
24. E. S. Page, „Continuous inspection schemes," *Biometrika,* Bd. 41, Nr. 1, S. 100–115, 1954.
25. Flughafen Düsseldorf GmbH, „Daten, Zahlen, Fakten – Verkehrszahlen 2020," 2021. [Online]. https://www.dus.com/-/media/dus/konzern/unternehmen/flughafen-duesseldorf-gmbh/zahlen-und-fakten/verkehrszahlen/daten-zahlen-fakten-2020.ashx. [Zugriff am 02.12.2023].
26. M. Vogt und H. Dette, „Detecting gradual changes in locally stationary processes," *The Annals of Statistics,* Bd. 43, Nr. 2, S. 713–740, 2015.
27. A. Bücher, H. Dette und F. Heinrichs, „Detecting deviations from second-order stationarity in locally stationary functional time series," *Annals of the Institute of Statistical Mathematics,* Bd. 72, S. 1055–1094, 2020.
28. F. Heinrichs, „Monitoring Machine Learning Models: Online Detection of Relevant Deviations," *arXiv preprint arXiv: 2309.15187,* 2023.

29. J. Buchmann, Einführung in die Kryptographie, Bd. 3, Berlin: Springer, 2008.
30. F. T. Bruss, „Sum the odds to one and stop," *Annals of Probability*, S. 1384–1391, 2000.
31. I. N. d. Estadística, „Cifras oficiales de población resultantes de la revisión del Padrón municipal a 1 de enero," 01.01.2021. [Online]. https://www.ine.es/dynt3/inebase/es/index.html?padre=517&dh=1. [Zugriff am 16.07.2022].
32. Destatis, „Alle politisch selbständigen Gemeinden mit ausgewählten Merkmalen am 30.09.2021," 31.08.2021. https://www.destatis.de/DE/Themen/Laender-Regionen/Regionales/Gemeindeverzeichnis/Administrativ/Archiv/GVAuszugQ/AuszugGV3QAktuell.html. [Zugriff am 16.07.2022].
33. L. Rabe, „Durchschnittliche tägliche Smartphone-Nutzung nach App Kategorien in Deutschland 2020," Statista GmbH, 10 November 2021. [Online]. https://de.statista.com/statistik/daten/studie/1186676/umfrage/durchschnittliche-taegliche-smartphone-nutzung-nach-apps/. [Zugriff am 17.07.2022].
34. T. Hastie, R. Tibshirani und J. H. Friedman, The elements of statistical learning: data mining, inference, and prediction, Bd. 2, New York: Springer, 2009.
35. C. Ramos-Carreño, J. L. Torrecilla, M. Carbajo-Berrocal, P. Marcos und A. Suárez, „scikit-fda: a Python package for functional data analysis," *arXiv preprint arXiv:2211.02566*, 2022.
36. F. Heinrichs, „GT-PCA: Effective and Interpretable Dimensionality Reduction with General Transform-Invariant Principal Component Analysis," *arXiv preprint arXiv:2401.15623*, 28 Januar 2024.
37. J. O. Ramsay und B. W. Silverman, Functional Data Analysis, New York: Springer, New York, Inc., 1997.
38. A. Bücher, H. Dette und F. Heinrichs, „A portmanteau-type test for detecting serial correlation in locally stationary functional time series," *Statistical Inference for Stochastic Processes*, S. 1–24, 17.01.2023.
39. F. Heinrichs, M. Heim und C. Weber, „Functional Neural Networks: Shift invariant models for functional data with

applications to EEG classification," *Proceedings of the 40th International Conference on Machine Learning,* Bd. 202, S. 12866–12881, 2023.
40. J. S. Breese, D. Heckerman und C. Kadie, „Empirical analysis of predictive algorithms for collaborative filtering," *arXiv preprint arXiv:1301.7363,* 2013.
41. V. Mnih, K. Kavukcuoglu, D. Silver, A. Graves, I. Antonoglou, D. Wierstra und M. Riedmiller, „Playing atari with deep reinforcement learning," *arXiv preprint arXiv:1312.5602,* 19.12.2013.
42. J. Schrittwieser, I. Antonoglou, T. Hubert, K. Simonyan, L. Sifre, S. Schmitt, A. Guez, E. Lockhart, D. Hassabis, T. Graepel und a. others, „Mastering atari, go, chess and shogi by planning with a learned model," *Nature,* Bd. 588, Nr. 7839, S. 604–609, 2020.
43. K. Weicker, Evolutionäre Algorithmen, Springer, 2015.

GPSR Compliance

The European Union's (EU) General Product Safety Regulation (GPSR) is a set of rules that requires consumer products to be safe and our obligations to ensure this.

If you have any concerns about our products, you can contact us on ProductSafety@springernature.com

In case Publisher is established outside the EU, the EU authorized representative is:

Springer Nature Customer Service Center GmbH
Europaplatz 3
69115 Heidelberg, Germany

Batch number: 08262660

Printed by Printforce, the Netherlands